# 科学护肤
# 11堂课

[爱尔兰] 珍妮弗·罗克（Jennifer Rock） 著

陈丽芳 译

中信出版集团|北京

图书在版编目（CIP）数据

科学护肤 11 堂课 /（爱尔兰）珍妮弗·罗克著；陈丽芳译 . -- 北京：中信出版社，2023.1

书名原文：The Skin Nerd: Your straight-talking guide to feeding, protecting & respecting your skin

ISBN 978-7-5217-4971-7

I. ①科… II. ①珍… ②陈… III. ①皮肤－护理－基本知识 IV. ① TS974.11

中国版本图书馆 CIP 数据核字（2022）第 214569 号

科学护肤 11 堂课
著者： [ 爱尔兰 ] 珍妮弗·罗克
译者： 陈丽芳
出版发行：中信出版集团股份有限公司
（北京市朝阳区惠新东街甲 4 号富盛大厦 2 座 邮编 100029）
承印者： 北京诚信伟业印刷有限公司

开本：880mm×1230mm 1/32 印张：9.25 字数：180 千字
版次：2023 年 1 月第 1 版 印次：2023 年 1 月第 1 次印刷
京权图字：01-2020-3912 书号：ISBN 978-7-5217-4971-7
定价：59.00 元

版权所有·侵权必究
如有印刷、装订问题，本公司负责调换。
服务热线：400-600-8099
投稿邮箱：author@citicpub.com

我希望将本书献给那位儒雅、风趣的绅士，感谢你在我很小的时候，就鼓励我饱读诗书。

　　你勤奋、细心、出口成章，感谢你给予我无限的爱和耐心。你是我真正的导师，每天都在激励着我。我永远尊敬你，爱你。

目录

序言　/ Ⅲ

第1课　护肤不仅是变得更美　/ 001

第2课　了解皮肤的结构　/ 021

第3课　以内养外　/ 045

第4课　皮肤的类型　/ 089

第5课　痤疮的处理方法　/ 111

第6课　日常护肤的秘诀　/ 135

第7课　抗衰老的方法　/ 175

第 8 课　不容忽视的皮肤病　/ 185

第 9 课　如何给皮肤补充营养　/ 207

第 10 课　全身皮肤的护理　/ 245

第 11 课　特殊场合的护肤流程　/ 253

结语　/ 263

术语汇总　/ 265

致谢　/ 273

各位读者，欢迎你关注本书。

你肯定会问："这本书要讲什么？"

事先声明一下，护肤达人不仅自己渴望获得健康的肌肤，而且以传播肌肤健康理念为己任。他们强调护肤品的内在成分，明白科学的护肤之道，看重护肤的意义，而不尽信广告中的说辞。这些人真正关心该在皮肤上使用什么或者不使用什么。他们关注护肤品滋养皮肤的原理，会不厌其烦地告知朋友"面子"和"里子"同样重要，他们会不厌其烦地在朋友跟前唠叨不要用洁肤湿巾，要他们不涂防晒霜就出门，那简直比不穿内裤还要难受。皮肤在他们眼里就是一个器官，和其他器官没有差别。皮肤需要营养，也需要爱护。所以，即使你现在对护肤没有概念，读完本书也肯定会改变自己的看法。

你可能擅长护肤，也有可能不擅长，无论你属于哪一种，我都建议你读读这本护肤宝典。如果你曾经关注TheSkinNerd网站，你很可能知道我：珍妮弗·罗克，一个"护肤达人"。这本书汇集了我十余年的护肤心得，能够写成这本书，我的所有付出和耐心都有了回报。

对于那些尚不熟悉我的人，我来做一下自我介绍：我是一名美容治疗师和护肤培训师，于我而言，护肤是我所热爱的事业和乐此不疲的爱好；引领更多人走上正确的护肤之道，是我毕生的追求。我很幸运能向世界上最优秀、最专业的人学习，赢得了国际护肤和培训方面的奖项，并与整形外科医生、营养学家和美容外科医生一起做演讲。

长久以来，我希望能够在全球范围内传播健康的护肤理念。从始至终，我都以科学的护肤理念为桥梁与客户确立良好的关系，并通过社交媒体在更大的社交网络群体中传播我的护肤理念。这本基于我的个人护肤咨询从业经验的书，是水到渠成的结果。

我在社交媒体上的粉丝都知道我的生活十分繁忙（事实上，我每晚都严格要求自己按时就寝）。我随时随地都会把我学到的护肤知识和经验分享给大家，有时我会直播关于护肤的实践，有时我会穿着睡衣、戴着眼镜在家里自在地与粉丝实时互动。

但是，作为一个狂热的社交媒体用户，要创办和经营公司，同时兼顾家庭和事业的平衡，我所承受的身心负担和压力可能会让人不知所措。别的不说，单单要正确看待来自不同渠道（包括大量的应用程序和铺天盖地的广告）的信息，面面俱到地关注各种声音，就已经很不容易了。当涉及护肤品时，情况尤其如此。真正看清护肤品的功效，而不是被护肤品的营销话术迷惑，靠的不仅仅是眼力，还有精准的判断力。无需社交媒体上的美颜滤镜，在现实生活中也拥有完美的肌肤，这样的念头让人备感压力。

我在过去十余年中观察到，很多人不知道该使用哪些护肤品，不知道如何正确使用，在听取护肤方面的建议时，他们也不知道该相信谁。如果你去美容院，你只能选择现有品牌的护肤品。同样，百货商店化妆品专柜柜员的任务就是向你推荐某一个护肤品牌，而这个品牌的产品可能适合你，也可能不适合你。

你如何判断自己听到的是真心话，还是销售人员的推销话术？水疗中心有很多，是随便去一家，还是精挑细选从而获得有效的护肤服务？这些都需要专业的知识和建议。

也许某些大品牌化妆品公司在营销和名人代言上的花费远远超过了在高质量护肤品研发方面的投入，你又如何去甄别？

这个问题很棘手，但我会在本书中帮助你做出正确的选择。

西蒙·考威尔（Simon Cowell）是一位音乐评审人和制作人。有人认为我和他有些相似，言辞都有点儿"毒舌"，而且总是穿着经典的白衬衫和高腰裤上节目。尽管我没有西蒙的胸毛，但我的确喜欢说实话。化妆品行业里充斥着无数的谎言和噱头，让人大跌眼镜，所以我必须实话实说。我在书中也会单刀直入地提出护肤建议，只有真正懂得皮肤生理学知识以及皮肤对人的心理影响的人，才能提出中肯的护肤建议。在我看米，所有读者都有权知悉护肤的真相。

可能有些话不太好听，但我的初衷是希望帮助更多的人。读完本书，读者就能明白该做什么，不该做什么了。

在产生了帮助更多人正确护肤的想法后，我开始积极推出在线咨询服务，现在一切都在有条不紊地进行着。与此同时，我也放慢了脚步，将我知道的所有护肤知识分享给大家，我希望通过本书让更多的人切切实实地掌握科学的护肤方法。

我想为读者写一本科学护肤指南，一本可供他们在茶余饭后看的书，一本可以随身携带或放在床头柜上的书。我希望它能让你在快节奏生活的空当了解有效的护肤信息，以及我的独家护肤秘方。

我也会澄清一些对于护肤的误解。我的目标不仅是让你拥有光彩照人的皮肤，也会尽量帮你少花冤枉钱，不至于因为皮肤问题而焦虑。护肤有很多门道，我想深入浅出地同大家分享护肤的方法，形成一系列易于阅读的知识点和词条，就像网飞（Netflix）的收藏夹一样方便访问。

对我而言，在教授护肤知识的同时，我也希望用有趣的方式分享有益的知识，通过深入而默契的互动，帮助大家迈出护肤的第一步，最终达到保持健康肌肤、拥有好心情的目的。皮肤是人体的一个器官，在书中我会不断重复这一点，所以，希望大家都善待肌肤。

作为一个护肤达人，对于肌肤的需要，我始终抱着有求必应的态度，因为我知道要拥有好皮肤或解决特定的皮肤问题，需要做哪些努力。大家也会慢慢地体会到在衰老的过程中，皮肤会发生哪些变化，如何应对皮肤的色斑和瑕疵，以及如何由内而外，从人体的营养健康角度真正领会到拥有好皮肤的秘诀是什么。我愿意帮助那些对自己的皮肤感到失望，甚至觉得自己的皮肤已经无药可救的人们。只要学习科学的护肤知识并付出不懈的努力，你就能拥有容光焕发的好气色和晶莹剔透的好皮肤。

本书所写都是我的肺腑之言，总结了我的多年从业经验和相关科学研究成果。它里面既有护肤秘诀、有关产品和趋势的实用建议，也有关于皮肤本身的知识。我总结出一些专业词汇，读者可以到书末的术语汇总查阅这些专业术语的解释。

下面，我来告诉你无法从本书中获得什么。

网上有很多所谓的快速护肤建议，相关的图书可谓汗牛充栋，其中不乏声称能让你获得如婴儿般娇嫩肌肤的方法，但本书并不属于这一类。

本书无法修复你的皮肤，因为只有你才能拯救自己的皮肤。而要拯救皮肤，第一步就是行动起来。

将本书提供的多条建议结合详细的皮肤护理咨询服务，你的皮肤状况就会有显著的改善。如有需要，你也可以寻求专业的皮肤科医生的帮助。每个人的护肤道路都是独一无二的，采取前瞻和预防的态度将使效果达到更好。

本书不会告诉你制作去角质膏的方法，也不会教你制作抹在脸上的蜂蜜面膜的配方，更不会向你推荐我本人并不认可的护肤品。

如果你容不得脸上有雀斑，总是忍不住挤爆青春痘，或者有带妆睡觉的习惯，你就得做好心理准备。如果你现在固执地认为饮食习惯和皮肤状况无关，我倒觉得是件好事。因为等你读完本书，你肯定会改变这种看法。

你可能想得到快速解决皮肤问题的方法，但在本书中我不会向你提供立竿见影的解决方案，也不会向你展示如何将各种护肤品一股脑儿地涂抹在你的皮肤上，导致本就不太好的皮肤雪上加霜。相反，我将提供真实、诚实和公正的意见。

我个人对于护肤品的挑选，从来秉持客观的态度。在我看来，你是无法在某一个产品系列里找到所有你认定的核心护肤配方的。至少目前，具备全面且理想的皮肤配方的护肤产品还无法在市场上找到。每个人的肌肤都是独特的，需要通过特定的护肤方法来呵护。

我提倡的护肤方法重在疏导，方法多样，容易实施，易于坚持。这样的方法意味着，即使你的生活发生了变化，比如你怀孕了，或者因为生活压力过大而影响了皮肤状态，你也能随时调整，而不是拘泥于某一种护肤方法。我将在下文详述这一点。

我赞同 360 度护肤理念。

这意味着你要通过食物和补充剂实现由内养外，而外部则可以使用养肤、防晒和富含矿物质的化妆品。本书将详细介绍内外兼顾的护肤方法。

我不相信有一劳永逸的护肤方法，因为对皮肤产生影响的因素很多，包括环境、健康、饮食、年龄、内分泌和生活习惯等。希望本书能启发读者改变自己的生活方式，而不仅仅依靠外用的护肤品来护肤。此外，我希望读者能透彻地了解到，皮肤不仅是一种附属物或让你貌美的东西，它其实是体现人体内部健康状况的晴雨表。

那么，你该怎样阅读本书呢？

无论你是否有一定的护肤知识储备，本书都可以提供随学随用的技巧和方法。无论你是资深的护肤达人，还是对护肤方法一窍不通的门外汉，我都建议你从本书的前几章读起。你至少要先了解一点儿关于人体的生理学和解剖学知识，这样才能深刻理解皮肤的运作机理和养护门道，并掌握正确的护肤理念和原则。

　　你可以挑选你最关注的内容阅读，比如压力对皮肤的影响（要知道，这可是个大问题）。如果你毫不关心痤疮问题，你完全可以跳过相关章节，以后再看。但请不要轻易得出这样的结论：如果没有雀斑和痤疮，你的肌肤就是非常健康的。这个观点就跟认定所有苗条的人身体都很健康一样不靠谱。

　　这不是一本你浏览一遍就可以束之高阁的书，你很有可能要翻看好几遍，以便从不同维度调整你的日常护肤程序和方法。

　　现在，你做好准备按照本书的指导全面修复自己的肌肤了吗？

## 你的护肤日记

　　下面，我先介绍一下如何记护肤日记。我向你保证，在护肤日记的帮助下，保持皮肤健康将变得容易一些。你只需要用纸和笔，如实追踪记录你的护肤和饮食状况，就能了解你的皮肤对食物不耐受的具体情况。

重要的是，你要熟悉皮肤的行为、反应方式，以及生活方式如何对皮肤产生影响。本书将详细地探讨这些内容。

我建议你现在给自己拍一张照片，两个星期后再给自己拍一张照片，比较两张照片，看看两个星期以来你的皮肤发生了哪些变化。如果你每天都拍照记录，可能会导致你对个人的皮肤问题过于担心。但每两个星期拍照记录一次，你就能更清楚地了解皮肤的变化情况，也更容易坚持下来。

你可以在晚上一次性完成下列笔记内容。记住，要每天观察你的皮肤状况，并记录下自己的感觉。

## 生活方式

### *1.* 你每天的睡眠时间有多长？原因是什么？

睡眠会影响皮肤的再生过程和愈合能力。要想让皮肤呈现出最佳状态，理想的睡眠时间应为 7 个小时。当然，睡眠质量也很关键。如果你醒来后感觉自己得到了很好的休息，而不是心情烦躁且昏昏欲睡，那就是有益于皮肤健康的良好睡眠。你也可以下载一个睡眠应用程序来监测睡眠质量，如果可以，最好不要把手机放在卧室里。

**2.** 你接触屏幕的时间有多长（包括手机、电视等）？原因是什么？

无论你信不信，当我们每天近距离接触屏幕时，蓝光辐射都会对我们的皮肤产生负面影响。如果你在电脑前工作，我劝你，赶紧停下来……（好吧，我是在开玩笑）。在现代社会，我们几乎离不开电脑。不过，我还是建议大家留意自己在屏幕前花费的时间，并且尽量减少与屏幕接触的时间。

**3.** 你每天暴露在日光下的时间有多长？原因是什么？

人体可以通过日晒产生维生素 D，维生素 D 能以积极的方式影响皮肤和心理健康。因此，我们需要日光，但我们也要谨慎对待日光（我将在下文详述）。

**4.** 你自处的时间有多长？原因是什么？

花点儿时间减压、放松自己，这对你的皮肤很有好处。我每天会通过 30 分钟的自处时间来放松自己，有时候太忙的话，可能会缩减至 15 分钟。如果你不能一次性抽出半个小时甚至十几分钟，你可以早上花 5 分钟，下午再花 5~10 分钟。即使是短短的 5 分钟，也比完全不花时间好，驾车、唱歌、散步、静坐和去健身房锻炼都可以算作自处。

## 饮食

**5.** 你摄入了多少糖？原因是什么？

精制糖会导致皮肤发炎，从而引起多种皮肤问题。建议你只摄入水果中的天然糖，虽然糖很美味、让人欲罢不能，但别忘了皮肤是需要我们善待的器官。

**6.** 你饮用了多少水？原因是什么？

水会影响皮肤的水分含量，你应该每天喝半升到两升水。请尽量饮用温水，因为它对肠道有益，肠道是与皮肤紧密相连的关键器官。我喜欢随时补充水分，通过摄入水果和蔬菜来补充水分是最佳选择。

**7.** 你摄入了多少蛋白质？原因是什么？

你的饮食决定了你的身体状态，所以你应该摄入有利于制造胶原蛋白的食物。蛋白质对于增强胶原蛋白和弹性蛋白至关重要，我建议大家增加蛋白质的摄入量，而且多多益善。你要确保在午餐和晚餐时摄入足量的蛋白质。很多人早上都不喜欢摄入蛋白质，但请记住早餐要吃鸡蛋，它可以在很大程度上补充你体内的蛋白质。

### *8.* 你摄入了多少碳水化合物？原因是什么？

碳水化合物是所有健康饮食中的关键成分，可增进皮肤健康。尽管许多节食者视碳水化合物为敌人，但摄入复合碳水化合物有助于保持皮肤健康，我们将在下文中详细介绍。然而，请记住薯片不属于健康的碳水化合物，要谨慎食用。

### *9.* 你摄入了多少脂肪？原因是什么？

有益脂肪有助于润滑皮肤，它实质上是一种内部保湿剂。你可以在午餐和晚餐时通过食用鱼类、鳄梨、坚果、特级初榨橄榄油和全蛋等食物来摄入好的脂肪。

### *10.* 你摄入了多少咖啡因？原因是什么？

咖啡因是一种兴奋剂，但它也会引起皮质醇水平的波动，从而加剧皮肤问题。但对于生活方式的改变，我们不妨循序渐进，慢慢减少咖啡因的摄入量，而不是立马强迫自己一口咖啡也不喝。如果你原本每天喝 4 杯咖啡，就可以尝试第一周每天少喝一杯，第二周每天再少喝一杯，一直减少到每天只喝一杯咖啡。我们需要享受生活中某些并非百分百健康的饮食，所以如果你不打算戒掉咖啡，就别强迫自己那样做。

## *11.* 你喝了多少酒？原因是什么？

酒精会使皮肤严重脱水，你甚至可能会因喝酒产生皱纹。再说一次，我不是要求你连在庆功会上喝一杯普罗塞克葡萄酒也拒绝，但你应该明白饮酒对皮肤会产生不好的影响。喝酒过后，你有没有发现次日自己的皮肤变红或者发痒？有发干的现象吗？还是出现了暗斑？

上面这个清单看起来有些长，但这些生活习惯都和你的皮肤状态有关。

如果你的皮肤非常敏感，你也应该记录下所用护肤品对皮肤的影响，尤其是当你使用新品时。这样一来，你就可以精准地分辨出好的产品和坏的产品。

为什么记护肤日记非常重要？

如果你努力护肤却总达不到理想的效果，那么记护肤日记可以帮你画出清晰的图谱。如果你的皮肤经常处于脱水状态，即使你拼命用护肤品给皮肤补水，你也要知道这可能是因为你每天多喝了两杯咖啡或者其他原因导致的。还有一个可能的原因是，你在每个月的某个周三都得参加一个让你备感压力的工作会议，如果是这样，你只要提前一周用食疗的方法给皮肤补水就行了。

我们对皮肤了解得越多，情况就越明晰，我们也能更有的放矢地应对皮肤问题。至少在三个月内你的护肤日记能够督促你遵循特定的护肤模式。比如，你可能会注意到每个月的月初和月末，你的皮肤都会出现异常出油的情况，这时你一定要追查一下导致这种皮肤现象的原因是什么。

随着你深入地阅读本书，你将越发感受到记护肤日记的重要意义，尤其是它能帮助我们揭示营养和皮肤之间的关系。马上开始记录你的护肤日记吧，你将很快变成一位护肤达人。

## 护肤日记模板

对照你的实际情况，在下列空白格中打钩：

- 内在调理：摄入足量的维生素，饮食有规律
- 外在呵护：遵照科学的方法护肤
- 表层护理：一般来说，彩妆产品用得越少越好
- 饮水量：你每天摄入多少水分？（以升或其他单位计算）
- 压力水平：用0~10的数字为你的压力水平打分
- 糖类摄入量：你摄入的糖分是否过多？
- 睡眠时间：你每天的睡眠时间有多长？（单位：小时）
- 自处时间：你每天的自处时间有多长？
- 日晒时间：你每天接触日光的时间有多长？（单位：小时）

|  | 星期一 | 星期二 | 星期三 | 星期四 | 星期五 | 星期六 | 星期日 |
|---|---|---|---|---|---|---|---|
| 内在调理 |  |  |  |  |  |  |  |
| 外在呵护 |  |  |  |  |  |  |  |
| 表层护理 |  |  |  |  |  |  |  |
| 饮水量 |  |  |  |  |  |  |  |
| 压力水平 |  |  |  |  |  |  |  |
| 糖类摄入量 |  |  |  |  |  |  |  |
| 睡眠时间 |  |  |  |  |  |  |  |
| 自处时间 |  |  |  |  |  |  |  |
| 日晒时间 |  |  |  |  |  |  |  |
| 其他情况 |  |  |  |  |  |  |  |

第 1 课

# 护肤不仅是变得更美

在我们深入探讨如何保持肌肤最佳状态之前，我们需要先达成一些共识。

　　要想在护肤的道路上畅行无阻，不仅要了解一些基本护肤理念，还要了解相关的注意事项，并且保持正确的心态。我们现在有怎样的想法，具备怎样的护肤思维，是保持皮肤健康的起点。相比护肤思维，我们早餐吃了什么、往脸上涂抹了哪种精华液，都是次要的。只有先摆正心态，一切才能水到渠成。

## 基本护肤理念

　　皮肤是人体的一个器官，需要我们悉心呵护。我们可能会用手指戳、捏、掐、抠皮肤，甚至像挤牙膏一样使劲挤它。我们会精心上妆，但也会粗暴卸妆，或者不给皮肤补水，这些都不是善待肌肤的方式。没有人会这样虐待自己的心脏，而皮肤肉眼可见，因此，我们更应该对皮肤加以保养，尊重它的代谢规律。请记住，皮肤从来不是人体的附属品。

360 度护肤理念涉及多个方面，包括：

- 内在调理（摄入营养、补充剂，遵循健康的生活方式）。
- 外在呵护（局部护理和全面保养）。
- 表层护理（防晒和化妆）。

只有综合考虑这些要素，我们才能做到全方位护肤。真正意义上的皮肤保养就像完成一幅拼图作品，各个要素都要完美契合才行。片面的方法不可能实现全方位护肤，三天打鱼、两天晒网的做法也不是万全之策。护肤是一项长期工程。

不要一味听信化妆品广告的说辞，实实在在地了解护肤的各个要素及其关系，并付诸行动，才能真正成为护肤达人。

## 对皮肤的自我感知

我和团队的其他成员在帮助客户护肤时，一开始常会问他们一个问题："你觉得自己的皮肤如何？"

我们的女性客户年龄各不相同，但她们给出的答案大同小异，令人痛心不已。这里列举了其中几个：

　　　　"我讨厌我的皮肤！"
　　　　"我每天都为自己的皮肤心烦。"
　　　　"要是皮肤状态不好的话，我都不想出门。"
　　　　"我的心情取决于我的皮肤。可惜我的皮肤状况很不理想。"

　　男士们听到女士们这样众口一词，肯定会很吃惊。但我完全感同身受，毕竟皮肤问题太普遍了。这并不是因为女性爱慕虚荣，而是因为肌肤问题事关人体健康。皮肤不好，自然会让人心生不快。无论你在想什么、做什么、有什么打算，肌肤问题时不时就会干扰你，如果长期不解决，最终甚至会击垮你的自信。

　　我对那些因肌肤问题而整日苦恼的人有着深切的同情。因为职业关系，我掌握了大量的一手资料：很多人饱受肌肤问题之苦，丧失了自信，生活质量大幅下降。肌肤状况对人的心理健康、自信心和自尊心的影响非常深远。每当我忙着参加各种会议，因日程太紧而疲于奔波的时候，脸上就会长满粉刺和色斑，它们就像小孩子们听到冰激凌车的铃铛声响起就会蜂拥而至一样。（事实上，当我在电脑上敲出"冰激凌"这个词时，我脸上的色斑就开始形成了，后面我会继续讨论糖对肌肤的影响。）皮肤状态和我们的自信心直接相关：如果皮肤差，我们恐怕都不敢抬头与人对视；但如果皮肤好，我们就能昂首挺胸、意气风发。这其中的差距太大了。

如果我说我是一名护肤达人，你们肯定会认为我肤如凝脂、完美无瑕，对吗？很可惜，因为基因和遗传因素，这世界上哪有完美的肌肤呢？人类的基因并没有进化到可以抵御辐射的程度，甚至连不长色斑都很难做到。我和你一样，都需要保养肌肤。我了解护肤的专业知识，知道保养皮肤的方法，但这并不意味着我能解决所有皮肤问题。即使此刻我们的皮肤娇嫩、光彩照人，也不意味着它们永远不会皲裂起皮，尤其是在某些皮肤异常敏感的时刻。所以，我不会随便给你打包票。我很幸运，我的肌肤状态良好，因为我懂得护肤之道，知道如何内外兼修、合理保养，护肤成了我呵护自身的必要步骤。只要方法得当，相信你也能成为拥有好皮肤的"护肤达人"！

接下来，你准备开始记录你的护肤日记了吗？

提升自信心是我的肌肤保养理念，也是本书的一个重要主旨。我们主张保养，不仅是为了让你拥有娇嫩清爽、容光焕发的肌肤，也是为了让你重拾自信，成为一位气场全开的优雅女性或一位温润如玉的优雅男性。

我不是心理学家，但是我明白，深入了解皮肤状态如何影响人们的心理健康是非常重要的。可惜，市场营销和社交媒体常常帮倒忙，利用人性的脆弱之处，让我们对自己百般挑剔。看看眼下各大社交媒体推送的信息，随处可见皮肤紧致、光滑、吹弹可破的完美形象。一旦我们被这种形象裹胁，一心追求如何实现"冻龄"，就会不堪重负、丧失自信。

生活在"美颜滤镜"世界中的我们应时刻提醒自己，这些形象都不是真实的！经过修图软件加工的图片总是千篇一律，让人产生审美疲劳。现实中与人面对面打交道时，我们不可能用滤镜给自己美颜。肌肤问题对我们的心理和生活固然影响很大，但如果你沉溺于各种护肤偏方而不能自拔，就只会让肌肤问题雪上加霜。

听了此番话，你先不要泄气，这只是我们护肤旅程的开始。在开启正式的皮肤护理几周后，你未必能拥有健康的肌肤。但当我们跟踪随访客户，问他们同一个问题时，他们的回答让我们受益匪浅。

"我真的感觉很好。"

"我感觉好点儿了。"

"我可以不化妆就出门了。"

"我去应聘了自己想做的工作。"

我们为他们制订的护肤计划不但取得了成效，还对他们生活的方方面面产生了积极的影响。

## 护肤不只是让你变得更美

肌肤健康不仅关乎你的容貌。如果你能这样看待皮肤的重要性，将对你的护肤过程产生重要的帮助。我会在书中介绍皮肤的代谢过程，这有助于你将护肤的重心从表面功夫转移到皮肤这个器官上来。如此一来，你就会明白护肤绝不只是为了让你看起来更美。你是否思考过肌肤是如何自我更新，如何保护你的身体，以及如何自我保湿的？你每天洗澡时，会觉得自己干了件大事吗？其实，与肌肤有关的每一次生理活动都值得我们发自肺腑地赞叹和肯定。

要培养正确的护肤思维，我们也需要明白坚持的意义。我的一些客户刚开始不愿意听这样的实话：一次锻炼无法让你的肌肉变得更紧致，偶尔的护肤行为也无法让你拥有健康的肌肤。你需要坚持不懈地护肤，长此以往才能有所成效。比如，如果你某天晚上没有使用维生素 A 精华液，你就失去了一个夜间增强皮肤结构的良机。但只要你开始使用，很快就能养成使用这种护肤品的习惯，然后习惯成自然。明确感受到护肤习惯带来的好处后，你就会乐在其中。如果你经常去健身房锻炼身体，随着时间的流逝，你的身体就会发生明显的变化。护肤亦如此。

## 有意识的护肤理念

我们从此刻开始就要做出改变：摒弃随意的态度，而要有意识地护肤。

随意的护肤态度就是被动地听取媒体、名人和营销活动等向你灌输的护肤方法。

与此形成鲜明对比的是，有意识的护肤理念则意味着你了解皮肤的代谢过程，知道该如何选择有长期效用的护理用品，而不是只追求立竿见影的效果。有意识的护肤理念还强调生理、心理和生活习惯的一致性，我们要考虑影响肌肤健康的内部和外部因素，为保持肌肤的健康行动起来。我在 6 年前接触到了 360 度护肤理念，它改变了我的人生。全方位审视我们的生理、心理和习惯，有助于我们构建有意识的护肤理念和方法。

## 我们应该怎么做？

一定要冷静。如果你的皮肤出现了局部问题，或者你被某些皮肤问题困扰多年，我希望你能明白，皮肤问题从来不是小事，尤其是多次出现的症状。有一点可以肯定，无论是多么严重的皮肤问题，都肯定有解决的办法。无论你的肌肤当前状况如何，都能得到改善。在护理皮肤的过程中，我们肯定会经历皮肤问题反复出现的情况，尤其是在你度假时、吃了很多冰激凌、内分泌失调或情绪波动大的时候。但请不要忘记，糟糕的情况不会一直持续，隧道的尽头总会有光亮。

同样，即使你现在的肌肤状态不错，你也得想办法继续保持。

读完本书，你将拥有全新的护肤思维。当你早起看到下巴的粉刺时，你会说："虽然情况不太理想，但我知道如何及时应对，也知道保持肌肤健康的长效机制。"读完本书，你可以用科学的护肤知识武装自己，要知道，知识就是力量。你还可以清楚地了解自己的皮肤状态，并做出更好的护肤决策。

**护肤日记自测题**

思考一下自己的护肤理念。

记录你此刻的皮肤状态，制订未来数日乃至数周的护肤计划。

在记录护肤日记的过程中，关注你对皮肤的看法和自我感觉，观察你的总体情绪会如何影响你的总体肌肤状态。

## 护肤的十大守则

　　首先，牢记护肤的基本守则，我称之为护肤的十大守则。我强烈建议大家遵循这些守则，为什么呢？皮肤专家有很多，他们的观点也五花八门，而护肤的十大守则是我总结了多个护肤品牌的使用经验、尝试了多种护肤方法和聆听了众多护肤专家建议的结果。

　　我曾经有过10年的试错经历。我每天和客户聊天，记录他们的反馈，获得了一手的护肤数据。在我创办公司的第一年，我们只有5 000个客户，但我们现在拥有庞大的客户群。遵照护肤的十大守则，明确自己该做什么、不该做什么，每天努力一点点，你的护肤旅程就绝不会像攀登高山那么难，而是利用生活的空当积累下切实可行的经验和成果。

　　一定要不断温习这些守则，使其成为你日常生活习惯的一部分。

### 1. 为了使皮肤拥有最强的自愈能力，请尽量每天睡足 7 个小时。

　　当你睡觉的时候，你的皮肤不会处于防御状态，这意味着皮肤会借助这段时间愈合和再生。晚间的睡眠让你腾出空进行免疫力调节、新陈代谢和水合作用，从而适应身体新的状态。肌肤水肿的主要原因是缺乏睡眠，睡眠不足会导致黑眼圈和眼袋。

顺便提一句，打盹儿不算睡眠。白天小睡时，本应用于修复细胞的能量都被用在了其他地方。另外，高质量睡眠非常重要。当你睡觉的时候，你的血流速度加快，皮肤进行着自我更新，细胞获得了营养，身体放松进入快速眼动睡眠。这种高质量睡眠能帮助你重新焕发力量，从白天的辛劳中恢复过来，为新一天的到来做好准备。

## 2. 每天要喝 8 杯水补充肌肤的水分和活力。

水分能让身体进行水合作用，其中包括皮肤。当然，你也得确保自己摄入足量的必需脂肪酸来保持水分，单纯的水分并不能给肌肤补水。水合作用是保持皮肤良好状态的关键，成年人身体中的水分含量是60%，皮肤也是这样。肌肤中的水分越多，就会越饱满，也会越有弹性。

如果你的肌肤处于脱水状态，它就会变得非常干燥，表面会很粗糙。想想葡萄干和新鲜葡萄之间的区别，而我们的目标是让你的皮肤像水分充足的新鲜葡萄一样富有弹性。

### 3. 尽量少吃加工食品。

我知道这在现实生活中很难做到。加工食品富含无营养的热量，会影响身体和肌肤的免疫力，对护肤也不会产生任何价值。所以，提醒自己尽可能少吃加工食品。加工食品里添加了防腐剂和盐，它们会影响人体免疫力和淋巴系统。而且，加工食品需要身体花费更多力气进行消化和排泄，容易导致皮肤水肿、衰老、长斑，甚至会引发银屑病和湿疹。

### 4. 尽可能减少糖分的摄入。

关于糖分，我要说的很多。甜食会造成皮肤水肿（水肿是机体抵抗感染等威胁的一种方式），常伴有红肿、发热或疼痛等症状。甜食也会加速衰老，降低皮肤的免疫力。在我的客户减少糖分摄入后，他们的很多皮肤问题，包括雀斑、粉刺和黑头等都有所缓解，红肿的情况也大大减少了。

### 5. 多吃蔬菜。

我们小时候常被母亲催促着吃西蓝花，感觉不耐烦，但那样做是正确的。我们需要吃足量的蔬菜来滋养肌肤，使其获得抗氧化剂，延缓我们的衰老速度。抗氧化剂是保持肌肤健康的无名英

雄，它能保护皮肤抵御外界不良因素的影响，包括压力、紫外线照射、酒精摄入和吸烟等问题。

## 6. 摄入足量的蛋白质。

蛋白质不仅是健身达人的至爱，也能促进人体胶原蛋白的形成。胶原蛋白存在于人体皮肤最深层和所有组织中，在我们看不见、摸不着的地方，影响着皮肤的结构和弹性。蛋白质还有助于加固毛细血管壁，提升皮肤修复伤疤（如妊娠纹）的能力。25岁以后，人体自然产生的胶原蛋白和弹性蛋白的水平会降低。（大多数护肤品牌都宣称，你应该从40岁开始抗衰老。但这种说法有误，你应该尽早开始对抗皮肤的衰老。）所以，你要趁早开始通过饮食摄入更多的蛋白质，确保每天的午餐和晚餐都富含蛋白质，推荐摄入量为每千克体重对应0.8克蛋白质。

## *7.* 大量摄入好的脂肪。

对人体有益的脂肪（如鳄梨中的脂肪）是锁定皮肤水分、减少刺激性和反应性皮肤问题的必要成分。虽然脂肪一词常让人担忧，但它是保持皮肤健康的重要成分。更确切地说，必需脂肪酸是治疗诸如湿疹、银屑病和粉刺等皮肤问题的关键成分，起到了抗炎和内部保湿的作用。你也可以摄入单不饱和脂肪，比如坚果、种子和鱼类中的 $\omega$–6 脂肪酸。反式脂肪（反式脂肪酸）对人体的健康无益，它们是合成的或人工生产的，在产品成分表中以氢化物的形式存在。

## *8.* 减少咖啡因的摄入。

咖啡因会提升人的压力水平，产生应激激素皮质醇。压力增大会使慢性皮肤状况恶化，并导致皮肤脱水。几乎没有人不喜欢咖啡因，如果我说自己对咖啡无感，那我肯定是在撒谎。咖啡固然好喝，但为了让皮肤保持最佳状态，请你逐渐减少每天的咖啡因摄入量。

*9.* **不要吸烟。**

显然，出于大量确凿的证据，人人都知道吸烟不利于健康。你吸入的香烟会减少流向皮肤的氧气（影响肤色和气色），同时会抢夺你体内的维生素 C，而该物质是合成胶原蛋白的必需营养素。所以，我不是建议你少抽烟，而是要你戒烟。这条守则虽然是老生常谈，却不容商量。

*10.* **多锻炼身体。**

有规律地运动不仅可以促进健康，而且可以促进心血管系统对淋巴的引流。重量训练可以使皮下肌肉更有弹性，从而使皮肤更加紧致。它还可以刺激血液流动，使人的皮肤富有光泽。不过，运动后请务必彻底清洁身体，以免汗腺被堵塞，进而造成皮肤问题。

## 避开护肤雷区

*1.* 切勿使用洁肤湿巾。你可能会大声反驳我，但我的回答仍然是坚决不要用。原因在于，洁肤湿巾会刺激皮肤，长期使用的话会增加皮肤的敏感性。

**2.** 不要过度暴露在紫外线下。无论是晒日光浴，还是平日里根本不涂防晒霜，皮肤过度暴露在紫外线下都会产生问题。你应该一年四季都使用防晒霜，防止皮肤受到污染和阳光的毒害。

　　此外，晒日光浴是对皮肤极其不负责和危险的行为，请不要再这样做了。

**3.** 不要忽略饮食的重要性。

**4.** 不要根据漂亮的包装、诱人的气味来购买护肤品。事实上，香味浓郁的产品很可能会对你的皮肤产生刺激。因此，挑选护肤品的基本原则是，不要根据气味做出选择，产品的包装同样不可靠。你应该依据本书教授的方法选购护肤品，成为真正的护肤达人。

**5.** 不要相信市面上大肆宣传、用广告包装出来的产品。某些大品牌的护肤品在营销上的花费多于产品研发本身，这样的产品让人不太放心。昂贵的护肤品未必就比便宜的产品好用，我们要重点关注护肤品的成分和效果。

**6.** 不要因为有名人推荐就去购买某款产品，除非它适合你的肌肤。

**7.** 不要自行对皮肤问题做出诊断，最好咨询专业人士，让他们为你提供详细和专门的护肤建议。

**8.** 不要把护肤等同于一年去一次美容院的行为，而要在日常生活中善待肌肤。

**9.** 不要过分纠结自己的某些皮肤问题。这样做除了让你备感失望和压力之外，没有任何好处。

**10.** 不要忘记皮肤也是人体的一个器官。

了解了护肤的守则和雷区后，你可能会觉得这些知识有些枯燥。但皮肤本身就是一个很严肃的问题，当然，你也要在护肤方面果敢一些。

　　我们都是凡人，会偏爱甜食，喜欢无拘无束。但只要你了解了皮肤的代谢规律和运作机理，你就会更了解皮肤问题，并且知道应该如何应对问题。在护肤方面，无知不是福分，除非你根本不想知道自己的护肤行为是否有成效。

　　除了湿巾、烟和日光浴这些坚决不要碰的东西外，我们还可以从小处做起，慢慢改变生活习惯，长此以往就能极大地改善皮肤状况。

　　如果你已经掌握了上述内容，就和我一起进入下一章去了解皮肤的结构吧。

### 护肤日记自测题

　　写出与你的皮肤息息相关的护肤守则和雷区。

　　创建一份护肤计划表和自测题。比如，"我要少喝咖啡，争取每天最多喝两杯"。在手机上设置间隔两周的时间提醒，如果没有这样的提醒，你可能坚持不了多久就故态复萌了。所以，设置周期性的时间提醒，有助于你养成良好的习惯。

第 2 课

# 了解皮肤的结构

前文中，你已经了解了基本的护肤理念，下面我们来详细谈谈皮肤的结构。大家会在接下来的阅读中遇到很多与皮肤有关的专业词汇。

但不用担心，我会尽可能深入浅出地做出表述和解释。读完本章，下次你和别人在聚会上聊起皮肤问题时，你肯定会语惊四座。

事实上，如果你不知道皮肤的生理结构，就很难直观地理解皮肤的行为。了解皮肤的结构和需求，有助于你正确地看待皮肤，将其视为器官，而不是位于其他身体部位之上的表皮，从而更好地理解如何护肤。

在梳理皮肤的结构之前，我们先来了解一下皮肤的作用。

## 皮肤的作用是什么？

皮肤的作用复杂而富有价值。正如我反复提到的，人们有时会忘记皮肤并非只是为了美观，它实际上是人体最大的器官。皮肤由多个组织构成，是人体最强大的屏障，保护我们免受外部环境中任何有害物质的伤害。

皮肤既能保护人体的内部器官，又能摒除外部不良因素和物质对人体的侵扰。皮肤还有其他众多功能，比如，负责分泌油脂（用于润滑毛孔、滋润皮肤），吸收人体所需的部分物质（如维生素 A），使活性成分能够渗透进来。在调节体温方面，皮肤也是我们的英雄，它可以使人体体温保持在 37.3 摄氏度以下。

皮肤的结构主要分为三层：表皮、真皮和皮下组织。

## 表皮

表皮的深度各不相同，具体取决于不同的身体部位。例如，脚底部位的表皮最厚，眼睑和乳头部位的表皮最薄。

- 表皮的最上层是角质层。这层皮肤会不断脱落，并不断更新。事实上，房间里的大部分灰尘都是由皮肤细胞组成的。你是不是觉得很惊讶？仅做好日常护肤是不够的，你还必须每个星期对身体做一次彻底清洁。
- 角质层以下是透明层。透明层（第二层）仅能在脚底和手掌处找到，因此，这层皮肤不经常被提及。

- 在身体的其他部位，你都可以在角质层下找到颗粒层。颗粒层充当了角质层和棘层之间的屏障，能够防止有害化学物质和碎屑进入人体。
- 接下来是棘层，也被称为多刺细胞层。该层皮肤包含可以将细胞彼此结合起来的结构。在结合过程中，细胞会变成多刺（但几乎没有刺突）的形状。
- 表皮的基础层被称为基底层。在有丝分裂的过程中，皮肤细胞就是在这里产生的。该层决定了所生成皮肤细胞的健康状况。它越健康，产生的皮肤细胞也会越健康。在这里你还会发现色素——由黑色素细胞（色素生成细胞）产生的黑色素颗粒，可以保护我们免受紫外线伤害，并赋予我们具有遗传性的肤色。

## 基底细胞

角质形成细胞构成了约90%的表皮细胞。基底层（生发层）中的角质形成细胞（被称为基底细胞）通过有丝分裂可以产生新的细胞。基底细胞也被称为母细胞，因为它们实际上是其他新细胞的母体。如果这些细胞的DNA（脱氧核糖核酸）因生活习惯和生活方式（如污染、吸烟、酗酒等）而受到破坏，那么它们产生的新细胞的健康状况也会受到影响，进而产生更多不健康的皮肤。

## 真皮

真皮是皮肤真正的生命层，位于表皮之下。你在其中可以找到胶原蛋白、弹性蛋白、血管、毛孔和汗腺等。我们选购的大部分护肤品都只用于表皮，但真皮却是肌肤发生根本性变化的地方。例如，奢华的保湿霜可能会立即提升皮肤的触感，但它进入不了比角质层更深的地方。这并不是说这类护肤品不好，但如果我们想真正改善皮肤状况，就需要通过专业咨询服务获得含有肌肤活性成分的产品（这类产品能渗入表皮之下，在真皮层中触发胶原蛋白和弹性蛋白的产生）。

真皮由亚层组成，通常包含真皮乳头层和真皮网状层。

- 真皮乳头层由白色胶原蛋白纤维和黄色弹性纤维（主要是弹性蛋白）组成，这两种纤维具有抗衰老作用，能使你的皮肤看起来饱满且富有弹性。正因为如此，我们的皮肤会随着年龄的增长而逐渐松弛下垂。
- 真皮网状层位于真皮乳头层下方，包括血管、淋巴管、神经末梢、汗腺及其导管、毛发和皮脂腺等。

　　血管为真皮中的每个细胞和组成部分提供氧气和营养，滋养其形成健康的皮肤细胞。当这些毛细血管变弱或塌陷时，我们会在皮肤表面看到毛细血管破裂的轮廓（犹如静脉的细红线）。人体之所以离不开维生素C，其中一个原因就在于它可以增强真皮内的毛细血管壁。

　　淋巴管负责收集组织液（组织细胞位于其中），并将其输送到血液中。

　　神经末梢让我们感受疼痛的发生。汗腺帮助我们调节体温，并为皮肤提供天然的保湿因子。

　　毛发可以将油脂传导至皮肤表面，使其得到滋润。皮脂腺会分泌皮脂，并使其进入毛孔（除了手掌和脚底，皮脂无处不在）。皮脂可以防止皮肤受到感染，有防水的作用，避免皮肤干燥。人们往往认为皮脂不会带来什么益处，但事实上它用处很大。

## 皮下组织

在表皮和真皮下面的是皮下组织。

皮下组织含有能产生结缔组织的细胞，这些细胞产生的蛋白质可以将表皮与真皮连接起来。皮下组织将人体与外界隔绝开来，它是我们的保护壳，就像玻璃纤维外套一样。另外，其脂肪细胞是能量和营养的储存单元。

以上就是对皮肤结构的简要介绍。

## 皮肤的工作原理

人类的皮肤细胞有一种与时钟有关的特殊基因，被称为时钟基因，它与你的昼夜节律也就是睡眠/苏醒周期有关。当皮肤进入不同的修复阶段时，时钟基因会与昼夜节律一起发挥作用。

在皮肤接触不到紫外线的时候，比如晚上，皮肤就会修复其DNA。白天皮肤会发挥其保护层的作用，抵御可能的损害；晚上，皮肤会产生新的细胞，氧气和营养物质也会被输送到皮肤细胞中。

夜间睡眠对于皮肤至关重要，因为它能通过修复应对白天受到的任何伤害。皮肤细胞增殖（皮肤的自然剥落过程）通常发生在晚上，因此当你早上醒来时，皮肤往往看起来很好，但几个小时后皮肤则不那么洁净、润泽了。

## 护肤品是如何发挥作用的?

护肤品的目的是帮助你的皮肤尽可能地履行其职责。护肤品仅能起到辅助皮肤发挥其应有功能的作用,即促进代谢更新或抗衰老。打一个恰当的比方,当你使用正确的护肤品时,你的皮肤得到的益处就像一个人坚持锻炼6个月获得的好处一样。经过6个月的跑步训练,你跑起来肯定比第一天感觉轻松很多。

同样,适合你的护肤品可以对你的皮肤的多个方面有所助益。例如,富含抗氧化剂的护肤品可以帮助你的皮肤抵抗自由基的伤害,防晒霜可以让你的皮肤免受紫外线的伤害。

## 皮肤周期

在美容广告文案中,大家会看到或听到很多有关细胞再生或皮肤周期的信息。细胞再生和皮肤周期究竟是什么意思?人体皮肤细胞再生需要多长时间呢?

我喜欢用床来类比细胞更新的过程:

• 皮下组织就像床的底部(用于储存物品)一样。

• 真皮就像床垫一样[如果弹簧(弹性蛋白)破裂,结构的

主体可能会坍塌或起皱]。

- 我们可以触摸到的角质层就像床单一样。
- 床垫（真皮）会影响床单（表皮）的外观。皮肤呈现的外观反映了内部的状态。

皮肤细胞是在表皮的基底层中形成的，之后通过皮肤的自然剥落或脱落，它们最终都会到达人体表面完成整个代谢过程。

健康的皮肤细胞的更新周期约为28天，我们可以四舍五入为1个月。随着年龄的增长，皮肤细胞的再生速度会减慢，皮肤也会逐渐变得暗淡无光。红肿或长了痤疮、色斑的皮肤的更新周期更长，通常体现在角质层的密度上。极端情况下，银屑病患者的皮肤细胞更新速度很快，以至于皮肤周期过短而呈现出病态。

## 影响皮肤的内部因素和外部因素

接下来，我们将探讨影响皮肤的内部因素和外部因素。

### 内部因素

内部因素在很大程度上是指影响你的皮肤状态的遗传因素或其他体内因素。这些因素有时会超出你的控制范围，比如激素水平。

#### 基因

遗传因素是指通过家族遗传下来的东西，包括皮肤类型、皮肤状况和衰老速率等。

但即使我们遗传到某些负面因素，也并不代表我们要终生与它们为伍。同样，即使你的父母皮肤很好，也不意味着你就能毫无节制地吃花生巧克力豆，因为好的基因不是皮肤问题的免死金牌。

无论你的遗传基因怎么样，我们都可以通过后天的精心护理来获得健康的皮肤。例如，如果你的家族成员皮肤都容易衰老，你就更需要注重皮肤的抗衰老护理。同理，那些先天条件好、遗传了较好皮肤的人，也需要使用防晒霜，因为没有人天生具有抵御紫外线的能力。那些用肥皂洗脸或不太讲究使用什么护肤品的人，也应该好好想想为什么自己的皮肤越来越差。

总之，无论我们的遗传因素如何，我们都需要花些精力去保护皮肤。

### 激素水平和压力

激素水平和压力是人们在谈论护肤品时经常提及的两个词。在我看来，他们往往将两者混为一谈，甚至错误地强调激素水平是导致皮肤问题的元凶。实际上，压力会引发激素水平的变化，从而导致皮肤问题。有些关于激素的问题是我们无法控制或需要

用药物来控制的，如果你怀疑自己有内分泌问题，最好向医生咨询以更好地了解你体内可能出现的异常情况。不过，在日常生活中，我们可以通过改变饮食习惯来调控激素水平。例如，高糖饮食会对激素水平产生一定的负面影响，只要我们减少糖分的摄入，就能降低激素水平，保持体内稳态。

理想情况下，我们要实现的目标是维持体内稳态，即让激素水平处于平衡状态。激素水平失调本是一个内部因素，但当饮食或压力导致激素水平失衡时，它就变成了影响皮肤健康状况的外部因素。也就是说，这种因素与我们的生活方式密切相关。

压力往往是体内稳态失衡的主要原因，尽管它可能是由外部因素引起的。当然，这些外部因素是我们可以努力改变的。

压力会以多种方式影响皮肤。

一种方式是皮质醇水平升高。由一些外部因素引起的皮质醇分泌激增，可能会影响你的免疫系统，引发炎症，进而导致皮肤状态变差。皮质醇激增甚至还会引发银屑病、湿疹或酒渣鼻。如果你去询问曾经有过这类皮肤困扰的人，就会了解到他们在面对压力的时候，皮肤状态会变得更糟糕。

皮质醇之所以激增，是因为身体发出了信号，要做好应对外界威胁的准备。关乎前途的考试、与老板的紧张会面或人身安全受到了威胁，这些事件带来的压力都会使你的皮质醇水平升高。

另一种方式是压力会刺激雄激素的分泌。雄激素负责控制皮脂的产生，但当雄激素分泌过多时，它就会刺激油腺，产生更多的油脂，从而在皮肤上形成黑头（由残留的油引起）、丘疹（不带细菌白头的斑点）和脓疱（有细菌白头的斑点）。

人体能感受到压力的影响，对某些人而言，这些影响会在他们的皮肤上体现出来。而压力往往源自你的工作、生活或者其他不受控制的因素。

压力会影响你的睡眠，导致眼睛水肿和黑眼圈。压力也会破坏肠道内菌群的微妙平衡，引发皮肤问题。此外，压力还会产生皱纹（任何人面对压力时，几乎都会本能地皱眉）。总而言之，压力不是什么好东西。

压力和皮肤问题构成了一个恶性循环，因为压力会导致皮肤状况恶化，而皮肤状况恶化又会增加压力水平。因此，要让皮肤变得健康，压力管理至关重要。你不仅要应对皮肤问题，还要知道如何减压。

我喜欢花很多时间"自处"，让自己回到问题的本源，降低我的压力水平。我也会经常在沙滩上散步，还会把冥想纳入我的日常护肤程序，或者做几分钟深呼吸，简单易行。

### 月经

月经是另一个影响皮肤健康状况的内部因素，是类似于皮肤周期的周期性事件。下面我来解释一下经期前后女性皮肤的工作原理。

在月经来临前的几天，孕酮水平升高，皮脂腺会产生更多的皮脂。孕激素激增会导致毛孔更密闭，这意味着碎屑和死皮细胞会更容易堵塞毛孔，从而形成斑点。

由于痤疮丙酸杆菌（一种生活在皮肤上的细菌）非常喜欢皮脂，这种细菌的繁殖会导致皮肤产生更多的斑点，甚至发炎。

经期快结束时，孕酮水平急剧下降，皮肤的皮脂和油脂分泌也会减少，这就是为什么有些女性的皮肤会在这段时间变得干燥。但与此同时，她们的雌激素水平会上升、胶原蛋白会增加。因此虽然她们的皮肤会变得干燥，但也会显得清透。

### 肠道的健康

你需要关注的另一个内部因素是肠道。皮肤是反映人体内部健康的晴雨表，而肠道是人体总体健康状况的可靠指标。对我们来说，健康的肠道不仅意味着没有大腹便便的问题，还意味着皮肤健康状况良好。不要怀疑这一点，我在观察数千名客户后也得出了这一结论。

肠道和皮肤的关系是这样的：人体通过小肠吸收皮肤所需的营养素，所以我们需要充分咀嚼食物以便于小肠吸收食物中的营养成分。胃借助消化酶消化蛋白质，我们可以通过服用补充剂来增加蛋白质的摄入，让身体和皮肤保持健康。

人类的肠道就像皮肤一样，拥有自己的细菌生态系统。细菌的过度生长会抢走我们身体所需的营养，而肠道菌群失调则意味着消化不良。因此，我认为益生菌（酵母和活菌）对于皮肤的健康至关重要。在我服用益生菌补充剂和消化酶补充剂后，我的皮肤的愈合能力大大提高，肤色变得更加白皙，也更有光泽。

我们通常用肠道−皮肤轴描述肠道与皮肤之间的相互作用及其影响。某些研究已经发现了肠炎和炎症性皮肤病之间的联系，例如，韩国哮喘、变态反应和临床免疫学研究所和热那亚大学的研究发现，酒渣鼻患者患小肠细菌过度生长的可能性更高。

当我们面对压力时，由于身体进入了战或逃的模式，往往不能充分吸收食物中的营养。当身体认为我们处在危险（压力）之中时，就可能会自主关闭所有对人体生存不必要的系统。取而代之的是，我们的心率增加了，并伴有其他应激表现。一旦这种情况发生，我们就无法从肠道中充分吸收食物的营养，我们的皮肤也就无法得到所需的东西。在正常情况下，我们的身体是一个各组成部分协同运行的生态系统，但压力等因素可能会对其进行破坏，因此我们的目标是恢复并维持体内稳态。

肠道健康虽然是影响肠道疾病患者的内部因素，但由于肠道健康在很大程度上取决于我们的生活方式，它也可以被视为我们

可以控制的外部因素。因此，肠道健康既是内部因素，又是外部
因素。

## 外部因素

外部因素是周围环境中影响我们身体健康和皮肤健康的因素，主要是我们选择的生活方式。

日常生活中会对我们的皮肤产生影响的外部因素包括：

• 吸烟；

• 糖分摄入量；

• 药物治疗；

• 饮用含酒精或含糖的饮品；

• 食用加工食品；

• 睡眠不足（缺乏睡眠）；

• 压力；

• 过度运动；

• 污染；

• 饮用水水质（水垢）；

• 阳光中的长波和中波紫外线。

　　我知道，戒除成瘾行为（如烟瘾）说起来容易做起来难。但事实上，绝大部分外部因素都是我们可以控制的。

　　我们的人生由自己主导，他人不会为我们的选择埋单。为什么要等到星期一才开始护肤？如果你已经明确了具体的护肤步骤和注意事项，现在就行动起来吧！如果你珍视自己的健康，珍视皮肤这个人体的重要器官，就马上采取行动吧。

　　　　你可以减少糖分的摄入。

　　　　你可以努力维持体内稳态。

　　　　你可以尝试调节每天的压力水平，边深呼吸边冥想。

　　　　你可以使用抗氧化剂保护皮肤免受污染等外部因素的伤害。如果你认为水质会影响皮肤，就要饮用过滤水。

　　通过采取上述必要措施，你就能一步步地改善皮肤的健康状况，甚至不需要使用护肤品，也不需要做专业理疗。

## 氧化与自由基

### 什么是氧化？

　　在护肤达人的世界里，常常遇到很多关于氧化的问题。即使你不明白到底什么是氧化，这个名词对你而言也不会很陌生。你把苹果咬一口，让它暴露在空气中，苹果的果肉就会被氧化并变成棕色。这意味着你在咬苹果的时候，进入苹果某个区域的氧气突然增加，破坏了自由基。

人类有氧气才能存活下去，每个活细胞都需要氧气来产生能量并生成蛋白质。换句话说，氧气为我们的皮肤提供了营养。正因为如此，氧气面膜在皮肤护理领域很受欢迎。但任何时候过多的氧气都会产生适得其反的效果，比如它会导致皮肤细胞加速老化，进而损害皮肤健康。

氧化会损害皮肤基底细胞的DNA，并进一步破坏细胞膜和细胞核，导致细胞的DNA重组，不再像以前那样健康。当氧化发生时，皮肤的愈合能力变弱，愈合时间拉长。皮肤不再像原来那样起作用，容易出现各种问题，比如过敏或光损伤。

日常生活中的皮肤氧化是由外部因素引起的，例如吸烟、饮酒、睡眠不足和污染。它也发生在皮肤细胞更新的过程中，但这是我们无法控制的。氧化无论如何都会发生，不过我们可以借助抗氧化剂来延缓这一过程。

## 什么是自由基？

简而言之，自由基是皮肤氧化的副产物。当我们吸收和利用氧气时，就会产生代谢废物——自由基。自由基会破坏细胞、蛋白质和DNA。

自由基指具有不成对电子的原子或分子，这使其变得非常不稳定，所以它会不择手段让自己变得更稳定。

想象一下，你在单位忙碌地工作了一天，很想赶快回到家，大口咀嚼巧克力，并喝上一杯红酒。这就是自由基对稳定的渴望。只不过自由基在你的皮肤里，没法自己伸手去开一瓶葡萄酒，而只能将多余的电子与附近的健康细胞配对，致使这些细胞也变得很不稳定。如此一来，就会有新的自由基产生。这种连锁反应在皮肤内持续进行，每次都会对皮肤造成轻微的破坏。这就是我们不喜欢自由基的原因。

如果存在大量的自由基，但又没有足够的抗氧化剂，自由基就会引起氧化应激。氧化应激是导致皮肤细胞结构，包括脂肪细胞、DNA 和皮肤蛋白质（胶原蛋白和弹性蛋白）受损的原因。随着时间的流逝，氧化应激会使胶原蛋白、弹性蛋白受损和枯竭，进而导致皱纹、皲裂、松弛等皮肤问题。

一旦皮肤细胞受损，人体就更容易受到多种皮肤问题的影响。例如，当你吸烟时，引发的氧化反应会向你的体内释放一万亿个自由基，这些自由基会试图与你的健康的皮肤细胞结合，对皮肤造成破坏。是的，你每次吸烟都会发生这种情况。

## 抗氧化剂

针对氧化应激和自由基，我们有哪些应对措施呢？答案是：使用抗氧化剂。

现在你应该知道，我们无法阻止氧化应激源（如光损伤和污染）及其对皮肤产生的负面影响，但我们可以利用抗氧化剂中和多余的电子，从而减少氧化过程对皮肤造成的破坏。

抗氧化剂的效用在皮肤护理行业通常会被低估，但它是一种阻燃剂，可用于长期保护皮肤健康。抗氧化剂不像有些护肤产品的效果那样立竿见影，所以，它有时备受冷落。为了彰显抗氧化剂的有效性，我们需要比较两个平行宇宙中生活方式相同的两个

人，其中一个使用抗氧化剂，另一个不用。但囿于目前的实验条件，我们根本办不到。我只能寄希望于读者能够相信我的话。

如果我们将柠檬汁涂在裸露的苹果肉上，柠檬汁将阻止苹果肉变成棕色。这就是抗氧化剂的工作方式，它们通过中和自由基的电子来延缓皮肤的氧化过程，使自由基不再破坏其附近健康的皮肤细胞。这样一来，抗氧化剂就能起到保护皮肤的作用了。

抗氧化剂将电子传递给自由基，但它本身不会变成自由基，只会切断自由基的链反应。不仅如此，抗氧化剂还可以预防炎症，而发炎是许多皮肤问题的根源。

利用抗氧化剂有两种方法：一是在体内加强营养，二是在体表使用护肤品。抗氧化剂将电子传递给自由基的过程发生在人体内，所以我们要尽可能多地摄入富含抗氧化剂的果蔬来中和自由基（喝绿茶也有一定的帮助）。

从外部看，你的皮肤会受到日光、污染等各种因素的影响。从内部看，我们要努力阻止自由基对健康的皮肤细胞造成损害。因此我们需要双管齐下、内外兼修，加强皮肤的自然防御机制。

以上就是关于皮肤及其生理结构的概述。了解这些知识，对于你掌握正确的护肤方法大有裨益。

### 护肤日记自测题

列出可能会影响你皮肤健康的内部因素和外部因素。

思考以下几个问题：

- 在日常生活中，有哪些因素可以被视为影响皮肤健康的外部因素？

- 突发的皮肤问题是否与强度高、压力大的工作任务有关？

- 你最近的消化系统表现如何？

- 近来你的肠道功能是不是有些紊乱，并影响了你的皮肤健康？

第 3 课

# 以内养外

读完本章后，你将会理解什么是"以内养外"。

只做外部护理显然还不够。为了长期保持护肤的功效，我们需要360度护肤理念，而营养是其中最重要的因素。只用护肤品来呵护皮肤就好比用水扑灭了火却忘了关掉煤气。洁面乳可以清除面部多余的油脂，但如果你只知道用它来控油，就犯了治标不治本的错误。如果我们通过营养的摄入来调节体内状态，就能从根本上控制皮肤出油的情况。

从内部护理皮肤可以为皮肤提供第二层更可靠的防御。营养素被运送到整个血液循环系统中，可以滋养更深层次的真皮，这里是结缔组织所在的地方，也是蛋白质分解的地方。

正如我在本书序言中提到的那样，你在表皮上涂抹的护肤品是无法自行到达真皮的。尽管有许多护肤品声称可以滋养真皮，但真正能触及真皮的只有营养素。

我们先聊一聊会导致皮肤粗糙、状态变差的饮食，包括糖、奶制品、酒精和加工食品等。然后，我会给大家介绍吃什么食物、摄入哪些补充剂对皮肤有好处。

## 向日葵的类比

　　我为客户提供咨询服务时，会向他们展示桌上漂亮的向日葵花朵——黄色，充满朝气和活力。我会告诉他们花瓣就像摸得着、看得见的皮肤。种植向日葵时，我们得考虑向日葵植株间的距离，以便它们通过根部从土壤中吸收充足的营养素。我们往向日葵的根部浇水，而向日葵需要由内而外发生水合作用。想象一下，如果你只看到我用水浸湿向日葵的黄色花瓣，除此之外我什么都不做，那么你可能认为向日葵很难有绽放的一天了。我们虽然对向日葵根部和土壤的状况不甚了解，但经过努力培育，你便能拥有美丽、生机勃勃的花朵。其实，向日葵的生长与皮肤的代谢过程何其相似，如果我们仅依靠外用护肤品，是无法提供新生皮肤细胞所需的营养的。而皮肤细胞的健康程度决定了皮肤的健康状况和表面的观感。

## 糖

　　糖是影响皮肤的重要因素之一，我们在追求皮肤健康时，最大的破坏者就是糖了。

"糖和皮肤之间有什么关系？"你可能会这样问。

要弄清楚这个问题的答案，你首先要知道糖在人体内会转化为葡萄糖。葡萄糖会使胰岛素水平升高，引发炎症。随着时间的流逝，葡萄糖会损害皮肤中的胶原蛋白和弹性蛋白，加速皮肤衰老。请注意，虽然我们无法避免衰老，年老有时也算不上劣势，但皮肤的过早衰老往往是由我们自己造成的。

当胶原蛋白和弹性蛋白开始分解时，我们的皮肤就会失去弹性，变得松弛。胶原蛋白和弹性蛋白是皮肤的基本组成成分，但这些蛋白质特别容易受到糖的破坏。而且，炎症会影响皮肤的愈合能力。据我观察，除去吸烟人群，很多人的皮肤之所以会过早衰老，原因往往是糖分摄入过多。

糖会导致晚期糖基化终末产物的产生。你可能会问这个如此拗口的名称究竟是什么？它是一种糖复合物。当血液中存在多余的糖时，无处可去的它们就会抢夺蛋白质分子（胶原蛋白和弹性蛋白），并形成糖复合物。一旦发生这种情况，本来柔软的胶原蛋白和弹性蛋白就会变硬，肌肤的弹性变小。晚期糖基化终末产物会引发炎症，导致皮肤组织损伤并加速衰老。而且，糖基化过程还会加剧现有的皮肤问题，比如酒渣鼻。你怎么知道自己体内有没有这种物质呢？不如拿起镜子照一照，看看你的皮肤上有没有交叉的线条和皱纹，就像井字符号一样。根据我的经验，糖除了会引起早衰之外，还可能导致雄激素水平上升，增加你突发皮肤病的可能性。

但这个观点还有待进一步确证，因为并不是所有高糖饮食都会引发雀斑。2002 年的一项发表在《皮肤学档案》上的研究表明，痤疮是一种常见于西方人的皮肤疾病。研究人员在巴布亚新几内亚研究了 1 200 人，在巴拉圭东部研究了 115 人，他们吃着新鲜的植物性食物和自己饲养的禽畜瘦肉，皮肤很少出现暗斑或者长痘。这样看来，一切似乎也不是巧合。

而且，一个人吃的糖越多，胰岛素水平就越高，最终可能发生胰岛素抵抗，表现为头发的过度生长和肤色异常。胰岛素抵抗往往是 2 型糖尿病的发病先兆。需要说清楚的是，几乎所有食物都含糖，但真正产生问题的是简单碳水化合物中的糖，比如白面包、意大利面、果汁和大多数甜食中的糖。

为什么这些食物里的糖是个大麻烦？

因为当这些食物转化成葡萄糖时，它们会引起胰岛素激增，进而导致炎症（如前所述，炎症是引发许多疾病的罪魁祸首）。

你应该听说过食物的血糖指数（GI）。它展示了你在进食特定食物后血糖水平的升高速度。某些食物（如简单碳水化合物）的血糖指数较高，这意味着它们会在人体内迅速转化成葡萄糖。

血糖指数较低的食物（如蔬菜和糙米）不会导致胰岛素水平突然上升，因为它们转化成葡萄糖的速度较慢。

这些血糖指数低的食物中虽然也含糖，但它们叫作复杂碳水化合物，可以使你的血糖水平保持平稳，因此对你的皮肤更加有益。

当涉及糖这个话题时，对食物的血糖指数的理解可以帮助我们做出有利于皮肤健康的决定。

## 血糖指数量表

血糖指数量表将食物从 1 到 100 进行排名。食物的血糖指数说明了食物消化并转化为葡萄糖的速度，血糖指数的数值越高，表示食物分解成葡萄糖的速度越快。如果你想要更长时间的饱腹感和更健康的皮肤，那么你摄入的食物的血糖指数越低越好！

要多吃血糖指数为中等或者偏低的食物：

- 富含纤维的全谷物的血糖指数要比精致谷物的血糖指数低。比如，红薯含有大量营养素，血糖指数却很低。
- 浆果和大多数水果的血糖指数都比较低。浆果也是抗氧化剂的重要来源，其味道甜美，这在低血糖指数的食物中比较少见。

- 黑巧克力是低血糖指数食物，而且富含抗氧化剂。
- 非淀粉类蔬菜是低血糖指数食物。辣椒、蔬菜沙拉、芝麻菜、生菜、蘑菇、小玉米（普通玉米是高淀粉蔬菜）、西蓝花、胡萝卜（$\beta$-胡萝卜素的来源）、菜花、黄瓜（水分很足）、西红柿、豆芽和甜菜根等，都有助于给皮肤保湿。非淀粉类蔬菜种类繁多，你肯定能从中挑出令你称心如意的。
- 豆类（如小扁豆和鹰嘴豆）是低血糖指数食物，它们通常也能为我们提供蛋白质和纤维素。
- 粥是低血糖指数食物。

尽量少食用高血糖指数食物，它们包括：

- 白色面包和所有种类的"白色"食物；
- 烤土豆（根据哈佛大学的《哈佛健康杂志》的数据，150克烤土豆的血糖指数约为85，而150克煮土豆的血糖指数约为50）；
- 西瓜；
- 枣；
- 含糖零食——警惕看起来健康但富含精制糖的谷类食品和压缩饼干；
- 糖果；
- 牛奶巧克力。

## 糖排毒

为了让你的皮肤健康有一个好的起点，我向你推荐糖排毒这个方法。

你可能觉得这个方法听起来让人大跌眼镜，我也有同感。

但是，我建议你在4个星期的时间里尽量不吃精制糖。任何皮肤护理方案都至少需要28天才能生效，减少糖分的摄入有助于减轻炎症，促进皮肤愈合。

第1周：尝试不额外加糖。

第2周：尝试不食用任何含糖加工食品。

第3周：关注自己在护肤日记中记录的情绪、皮肤愈合情况等。

第4周：尝试不食用任何含糖食品（包括水果，但仅限一周时间）。

理想的情况是，我们应杜绝饮食中的精制糖和加工糖，但你也可以先尝试至少4个星期，然后用护肤日记衡量这种方法对皮肤产生的影响。

糖造成的许多损害（如晚期糖基化终末产物）都是累积性

的，也是长期的，因此需要过一段时间才能消除。虽然糖根本不应该存在于人体内，但从长远来看，我认为没有必要甚至不可能从饮食中完全杜绝天然糖。完全杜绝的话，也有点儿太不近人情了。可行方案是，监测你在4个星期内的糖摄入量，同时观察糖的摄入量对你的皮肤的影响。这也是我倾向于在护肤日记中详细记录饮食结构的原因。白纸黑字记录下来的信息，是我们无法否认的。

4个星期后，不要拒绝吃水果，因为它们是抗氧化剂的重要来源，但要提防含精制糖的食物。我们饮食中含有的精制糖不少，这意味着引发炎症的循环还没有结束。如果你用了很多护肤品，但每天依然摄入大量糖分，那你就是在浪费钱。

## 乳制品

当谈到饮食和皮肤的问题时，还有一种经常被提及的食物，它就是乳制品。

长期以来，人们一直就乳制品与痤疮之间的关系争论不休。早在20世纪四五十年代，相关研究就已经开始了。但是，其中许多研究都只基于受试者对痤疮的评估，结论并不可靠。虽然很难证明，但不少专家似乎都认为，无论起因和运作机制如何，乳制品（特别是牛奶）和痤疮的严重程度之间都存在关联。最受欢迎的理论之一是，牛奶中的激素及其对皮肤产生的影响可以证明乳制品和痤疮之间存在相关性。最近的一项研究表明，脱脂牛奶可能会增加痤疮发生的可能性，主要是因为脱脂牛奶中的雌激素水平低于全脂牛奶。尽管临床研究还没有定论，但根据我对我的客户的观察，奶制品的确可能会加剧痤疮问题。

我的客户曾经尝试过各种对抗痤疮的方法，如护肤品、药妆品、果皮、抗生素、激素药物和抗痤疮药物罗可坦，但往往只有当他们食用非乳制替代品时才会产生令人满意的效果。

免责声明：这里关于乳制品的观点未必适合所有人，所以并

非人人都需要避开乳制品。如果你一直饱受痤疮问题的困扰，又无任何良策，那你可以尝试减少乳制品的摄入量，但同时要保证从其他来源摄取钙。这样做的目的是尝试找出引发你的痤疮问题的内部原因。外用护肤品尽管能从外部改善皮肤问题，但如果皮肤问题是由内部因素引起的，那么使用再多的护肤品也是治标不治本。

提醒一下，如果你不确定乳制品是否会影响你的皮肤，请咨询专业医生。

## 酒精和咖啡因

糖不是我们要应对的唯一的敌人，还有酒！

简而言之，酒精就像咖啡因一样会导致皮肤脱水，形成细纹或皱纹。酒精是一种利尿剂，它会吸收皮肤中的水分。某天晚上喝了几杯酒后，第二天你会注意到皮肤失去了日常的丰满度和光泽度。你可能还会在浴室镜子中看到鲁道夫效应：饮酒会促使组胺释放，导致皮肤出现潮红现象。酒精会刺激皮肤和皮肤组织，导致全身性炎症（遍及整个身体，而不是局部区域）或潮红。

酒精还会触发酒渣鼻。人们常以为酒精是导致酒渣鼻的原因，但这是不正确的。喝几杯冰镇啤酒虽然不见得立刻让你患上酒渣鼻，但如果你已经有这类皮肤问题，酒精会使其加剧。

咖啡因也是一种利尿剂，因此它与酒精一样会使皮肤脱水。咖啡因会使血管变窄，阻止营养和氧气被输送到皮肤细胞中，这就是为什么过量饮用咖啡因的人皮肤会越发苍白。但是，含有咖啡因的护肤品可以刺激血管生成，使皮肤充满活力，消除黑眼圈。所以，建议你使用含有咖啡因的外用护肤品。我知道你可能会说咖啡的味道非常醇香，对身体也有很多其他方面的好处，但你还是应该尽可能地少喝咖啡，每天一杯就可以了。

## 加工食品

加工食品会对皮肤产生不好的影响，但这并非我们不提倡食用加工食品的唯一原因。总的来说，加工食品算不上好的食品，为肌肤提供的营养也十分有限。

加工食品往往含有大量的盐，而盐是引发皮肤水肿的罪魁祸首。盐分过多也会导致高血压，从而影响胶原蛋白的产生。

加工食品可能方便快捷，适合我们快节奏的生活方式，但除了空有热量，它们对我们的身体健康几乎毫无价值。

加工食品还含有对人体有害的脂肪。一定要留意食品成分标签中的氢化物，即人们常说的反式脂肪。氢化指健康的油脂变成固体的过程，该过程产生的副产品就是反式脂肪。反式脂肪可能会导致炎症，与对人体有益的脂肪（如多不饱和脂肪和单不饱和脂肪）完全不同。加工食品还包括简单碳水化合物，也值得注意，比如，加工过的白面包不再含有维生素和纤维，不能为皮肤细胞的生长提供营养。

在理想的世界中，我们应该尽可能地远离糖、酒精和加工食品，但在日常生活中我们很难做到。

如果你担心某种食物会影响皮肤健康，我建议你咨询专业人士的意见并进行不耐受测试。这些测试可以明确地告诉你，具体是哪些因素导致了皮肤问题或触发了某些不良状况。在你对食物不耐受的知识有了一定的了解之后，就可以回顾本章内容，把它当成是关于皮肤所需营养的通用指南。

## 哪些食物对皮肤有益？

了解了哪些食物对皮肤无益之后，我们再来看看食物中那些有益于皮肤的营养成分。这些营养成分包括维生素A、维生素C、必需脂肪酸和抗氧化剂，还有水。

### 维生素A

英文字母表里的第一个字母就是A，所以维生素A是你应首先考虑用于护肤的维生素，它也是少数几种能在细胞层面上使皮肤发生生理变化的维生素之一。人体如果接触紫外线或暴露在乌云下，可能会导致皮肤缺乏维生素 A。维生素 A 是实现皮肤细胞功能的必需成分，如果缺乏维生素 A，皮肤细胞的新生速度就会变慢，角质层会变厚、粗糙，真皮也不能发挥应有的作用。在缺乏维生素 A 的人群中，色素沉着过度、痤疮等问题比较常见，因为他们的皮肤无法正常更新（正常周期应为 28 天），也就不具备最佳的治愈能力。

维生素 A 对于所有类型的皮肤细胞的正常运转都至关重要，包括愈合、再生、剥落和修复。维生素 A 可以使皮肤保持弹力，防止毛孔松弛（毛孔疏松和扩张）、色素沉着过度和痤疮。

你可以从胡萝卜、红薯中摄取维生素 A，这些食材都含有 β-胡萝卜素等类胡萝卜素，可以在人体内转化成维生素 A。动物肝脏是维生素 A 的重要来源，甚至是最优质的维生素 A 的来源，比如火鸡肝。橙色蔬菜也含有 β-胡萝卜素，但与动物肝脏相比，前者转化成维生素 A 的量较小。β-胡萝卜素本质上是一种抗氧化剂，增加其摄入量可以保护你免受自由基的侵害。

你可以从以下食物中直接摄取维生素 A，或通过摄入 β-胡萝卜素转化成维生素 A：

- 动物肝脏（维生素A）；
- 红薯（$\beta$-胡萝卜素）；
- 南瓜（$\beta$-胡萝卜素）；
- 胡萝卜（$\beta$-胡萝卜素）；
- 羽衣甘蓝（$\beta$-胡萝卜素）；
- 山羊奶酪（维生素A）；
- 杏（$\beta$-胡萝卜素）；
- 鳗鱼（维生素A）。

关于维生素A的每日推荐摄入量，男性为0.7毫克，女性为0.6毫克。

## 维生素E

维生素E对皮肤非常有好处，因为维生素E具有补水和愈合功能。维生素E是一种脂溶性维生素，可用作皮肤抗炎剂。维生素E也是一种抗氧化剂，可以抵抗自由基对皮肤的损害。此外，维生素E还是一种全面的免疫增强剂。

以下食物富含维生素E：

- 小麦胚芽和葵花子油；

- 杏仁；

- 榛子；

- 葵花子；

- 羽衣甘蓝；

- 鳄梨；

- 红薯；

- 西红柿。

## 维生素 D

维生素 D 对于预防骨质疏松至关重要。此外，越来越多针对皮肤的研究表明，维生素 D 对于好的皮肤也是必不可少的。人们通常认为，维生素 D 可以增强皮肤弹性，有效减少粉刺，刺激胶原蛋白的产生，减少细纹和黑斑的出现，提升皮肤的水润度和光泽度，保护皮肤的天然免疫机制。维生素 D 是人体在阳光下自然产生的营养物质，但随着年龄的增长，人体产生维生素 D 的能力会下降（实际上，从 20 岁到 70 岁，人体的维生素 D 含量下降了 50%）。

这意味着当我们衰老时，我们的皮肤通过（有限的）日光照射产生的维生素 D 将变得越来越少。

20 岁时，你只需要让硬币大小的皮肤暴露在阳光下 20 分钟

即可在体内产生足量的维生素D。因此请不要自欺欺人，以为整天晒太阳就可以将维生素D储存起来。事实上，在你晒太阳20分钟后，你的身体将不再产生维生素D。此后你继续晒太阳就是在损害皮肤了。

但是，随着你步入中老年，由于你产生不了足够的维生素D，你就需要食用更多富含维生素D的食物，或者服用维生素D补充剂。

你可以通过以下食物摄入维生素D：

・金枪鱼；

- 三文鱼；
- 蛋；
- 豆浆；
- 浓缩橙汁。

## 维生素 C

人体能自行产生维生素 D，但不能自行制造维生素 C，只能依靠食物来摄取维生素 C。

众所周知，维生素 C 是一种有效的抗氧化剂。它也是一种自由基清除剂，可以主动追捕自由基。它还是促使皮肤产生胶原蛋白的关键因素，可以使皮肤看起来滋润、年轻。

饮食中的维生素 C 可以对抗经皮水分丢失，避免角质层受损。维生素 C 也有助于血管健康，可以通过增强毛细血管壁来预防毛细血管的破裂。维生素 C 还可以防止皮肤红肿。

有趣的是，很多食物的维生素 C 含量都比橙子多，主要包括：

- 红椒和青椒；
- 羽衣甘蓝；

- 草莓；

- 猕猴桃；

- 柑橘类水果；

- 西红柿；

- 深色绿叶蔬菜；

- 菜花；

- 菠萝（还含有菠萝蛋白酶，有助于食物的消化分解）；

- 杧果；

- 抱子甘蓝；

- 欧芹、百里香和罗勒等。

## B 族维生素

为什么我要向压力大的人推荐维生素 B 补充剂或维生素 B 复合补充剂？从根本上讲，压力会消耗人体内的维生素 B 储备，使维生素 B 入不敷出。维生素 B 补充剂不能减缓压力（如果它有这样的作用的话，我愿意一口吞下一把维生素 B 片），但在你压力增大的情况下，它可以补充你体内的维生素 B 储备。

B 族维生素共有 8 种，其中一些还有其他名称，分别是：维生素 $B_1$（硫胺素），维生素 $B_2$（核黄素），维生素 $B_3$（烟酸），维生素 $B_5$（泛酸），维生素 $B_6$（没有别称），维生素 $B_7$（生物素），

维生素 $B_9$（叶酸）和维生素 $B_{12}$。

维生素 $B_1$ 是人体无法自行产生的一种维生素，它对于皮肤内胶原蛋白的再生至关重要。维生素 $B_1$ 存在于全谷物、牛肉、猪肉、鸡蛋和豆类等食物中。

维生素 $B_2$ 是修复体内组织的关键因素，有助于愈合伤口。一项针对大鼠的研究发现，缺乏维生素 $B_2$ 的大鼠伤口愈合速度较慢。维生素 $B_2$ 存在于牛奶和乳制品、蘑菇、煮熟的菠菜、玉米片（维生素 $B_2$ 含量非常高）、肝脏、鸡蛋和丹贝（一种大豆制品）等食物中。

维生素 $B_3$（以烟酰胺形式存在时对皮肤最有益）是一种皮肤美容剂，具有使皮肤更亮白、湿润的功效。它能增强皮肤细胞的能量，并能修复细胞的 DNA。它还可以阻止色素在皮肤中传播。褐蘑菇、土豆、麦麸片/谷物、粥、干酪、肝脏、鸡肉、火鸡、牛肉、羊肉、猪肉、南瓜、丹贝和花生等食物中都富含维生素 $B_3$。

维生素 $B_5$ 有助于减少痤疮问题的发生。虽然相关研究尚未得到证实，但 2014 年在纽约进行的一项研究表明维生素 $B_5$ 对皮肤确实是有好处的。维生素 $B_5$ 存在于牛肝、香菇、葵花子和鸡肉等食物中。

维生素 $B_6$ 有助于调节人体内的激素水平。如果你很容易发生激素引发的痤疮问题（月经来潮前后或在月经周期的特定时间段出现），那么这种维生素可能会对你有所助益，你可以通过检查护肤日记来确定这一点。肝脏、鹰嘴豆、养殖或野生大西洋三文鱼等食物都富含维生素$B_6$。

维生素$B_7$是角蛋白的组成成分之一，而角蛋白是皮肤的关键组成部分。它能使皮肤坚韧、有弹性，避免皮肤松垮地附着在其他器官上。你的指甲和头发也是由角蛋白组成的。科学实验表明，对缺乏维生素$B_7$的人来说，可以通过食物和补充剂来补充。但对不缺乏维生素$B_7$的人而言，目前还没有研究能够证明大量摄入维生素$B_7$补充剂可以让人体受益。我们可以从肉、蛋黄、三文鱼、牛肝、红薯、葵花子、大豆、麦麸、鳄梨和菠菜等食物中摄取维生素$B_7$。

维生素$B_{12}$有益于产生新的细胞，而缺乏维生素$B_{12}$会导致指甲上的色素沉着并产生斑点。维生素$B_{12}$还有助于人体利用蛋白质，制造出健康的皮肤细胞。但加利福尼亚大学的研究人员在《科学转化医学》上发表的研究报告表明，维生素$B_{12}$可以改变皮肤应对痤疮丙酸杆菌的方式，这意味着维生素$B_{12}$可能会引发痤疮。

由此可见，我们按照自身的实际情况记录皮肤的症状和感觉是很有意义的。如果你怀疑自己缺乏维生素$B_{12}$，应咨询专业医生。维生素$B_{12}$存在于牛肉、羊肉、小牛肝、贻贝和牡蛎等食物中。

## 必需脂肪酸

必需脂肪酸之所以"必需",是因为你的身体需要它们发挥作用。

虽然人体可以自行合成所需的大部分脂肪酸,但人体无法自行产生亚油酸和α–硫辛酸,因此我们需要从食物中获取这些脂肪酸。这些基本的脂肪酸可用于构建特殊的脂肪酸,如ω–6脂肪酸和ω–3脂肪酸,它们是人体所有细胞正常运作所必需的脂肪酸。

ω–6脂肪酸(亚油酸)存在于多叶蔬菜、花生、谷物、种子、植物油和肉等食物中,人体通常很容易从饮食中摄取足够的ω–6脂肪酸。

相比之下,ω–3脂肪酸(α–硫辛酸)很难从食物中摄取,在服用补充剂时也要格外注意摄入量。三文鱼、鲭鱼、绿豆、毛豆、亚麻子、核桃、榛子和小麦胚芽等食物都含有ω–3脂肪酸。人体也需要平衡ω–6脂肪酸和ω–3脂肪酸的含量,因为保持体内稳态非常重要。

　　对皮肤来讲，必需脂肪酸主要负责调节细胞膜。细胞膜能将水和营养物质保留在皮肤细胞内，同时阻挡不良物质。此外，必需脂肪酸还能延缓皮肤老化、防止皮肤干燥、减少皱纹。有趣的是，当皮肤过度油腻时，必需脂肪酸也能发挥作用。因为必需脂肪酸可促进皮肤的增殖过程，从而清洁皮肤油脂，而如果皮肤油脂不加以处理，就会阻塞毛孔。

　　一般而言，必需脂肪酸可以平衡人体的水分含量。随着年龄的增长，你的身体很难保留细胞中的水分，只有增加必需脂肪酸的摄入量才能对抗这种情况。$\omega$–3 脂肪酸有延缓皮肤衰老的作用，而 $\omega$–6 脂肪酸有助于解决致敏性和炎性皮肤问题（如湿疹、银屑病和酒渣鼻）。

## 水和必需脂肪酸

　　水和皮肤之间的关系是一个颇有争议性的话题，有些专业护肤人士认为喝水并不会给皮肤带来明显的好处。

　　这句话只说对了一半。

　　事实上，除非你直接摄入必需脂肪酸，否则你就看不到饮水对皮肤的好处。必需脂肪酸可以修复细胞膜，从而成功地帮助皮肤锁住水分。

你可以随心所欲地喝水，但遗憾的是，除非你有足够的必需脂肪酸来增强皮肤的保护层和单个细胞的细胞膜，否则水分是不会留在皮肤内的。

我喜欢用水球打比方来解释这一点。想象一个空的水球，它的外层就相当于皮肤细胞的细胞膜。如果球壁完好无损，一旦球注满水，水就会留在球里面。但如果必需脂肪酸的摄入量不足，球壁就会有漏洞，球里面的水也会漏出来。

如果我们摄入了足够的必需脂肪酸，水分就能防止皮肤干燥、紧绷和剥落。脱水的皮肤弹性较差，更容易产生皱纹，而水分充足的皮肤看起来则很饱满。一项研究表明，每天仅喝半升水就可以增加流向皮肤的血液量，也就是说有更多的氧气进入皮肤，这在短期内对皮肤很有帮助。

专业护肤人员建议我们每天的饮水量应保持在1~2升，这可以使我们的眼睛和关节保持舒适、润滑，排出废物和毒素，并为皮肤细胞提供充足的水分。

常见的脱水症状包括口干舌燥、嘴唇皲裂或眼睛干涩疼痛，还有一些脱水症状包括无缘无故的头痛、疲倦、头晕、尿液浑浊或偏红（正常的尿液应该是清澈的淡黄色，而不是像向日葵一样的黄色或其他较暗的颜色）。

# 皮肤脱水测试

　　当测试皮肤的水润情况时，我最喜欢的方法是用手指捏皮肤。捏住手背处的皮肤几秒钟后松开，如果皮肤立即反弹到原来的位置，就说明皮肤水分充足。如果需要一两秒钟才能复原，则表明皮肤处于脱水状态。

## $\beta$–葡聚糖

　　$\beta$–葡聚糖是一个默默无闻的护肤"英雄"。它是一种多糖，有助于维持细胞结构，为人体提供能量。

　　$\beta$–葡聚糖也有治愈作用，是用于敏感型肌肤的护肤品的成分之一。$\beta$–葡聚糖是一种抗氧化剂，它通过帮助免疫系统更好地处理有害的入侵物（如压力或可能影响皮肤的疾病），可以在细胞层面上减少不必要的刺激和炎症。此外，$\beta$–葡聚糖还能最大限度地减少毒素和压力对皮肤造成的损害。

　　尽管它不像维生素A或维生素C那样广为人知，但这种成分的护肤功效十分显著，所以我们应该多摄入$\beta$–葡聚糖。

以下食物中含有 $\beta$- 葡聚糖：

• 蘑菇，包括香菇、舞茸、灵芝等；

• 燕麦；

• 大麦；

• 藻类。

## 抗氧化剂

如前所述，抗氧化剂对于抵抗氧化和自由基，以及延迟自然衰老过程至关重要。抗氧化剂是植物性食品及其提取物中的一种类似于维生素的化合物，可以保护皮肤结构中的胶原蛋白和其他细胞。

维生素C、维生素E、维生素D、$\beta$-胡萝卜素和$\beta$-葡聚糖本身就是抗氧化剂，其他富含抗氧化剂的食物还有枸杞、格兰诺拉麦片、蓝莓和樱桃等。通常，水果和蔬菜都能帮助你抗氧化，所以不要局限于枸杞和柠檬。就抗氧化剂的数量而言，我们提倡越多越好。所以，你应该派遣一整支抗氧化剂军队，而不是一个士兵去应对抗氧化这场战役。

其他富含抗氧化剂的食物包括：

- 西红柿；

- 姜黄；

- 百里香；

- 姜；

- 蔓越莓；

- 芸豆；

- 黑巧克力（是的，你可以放心大胆地吃！）；

- 蓝莓；

- 山核桃。

## 锌

提及能让皮肤焕发生机、光鲜夺目的营养素，你可能想不到锌这种元素。但实际上它非常重要，因为它可使人体内的 100 多种酶发挥良好的功能。

锌是一种微量元素，这意味着你每天需要摄入的量并不多，15 毫克即可，孕妇和哺乳期女性则要多一点儿。请与你的医生商量确定摄入量。细胞膜发挥作用、新细胞的产生都需要锌元素的参与。

从技术上讲，锌虽然不是抗氧化剂，却是皮肤防御团队里的明星。它可以保护皮肤中的脂肪，防止自由基的形成，在皮肤愈合方面也发挥着重要作用。如果你不小心割伤了皮肤，就可以用锌来避免炎症并修复损伤。锌也是一种已知的免疫增强剂，可以减少皮肤自然产生的油脂量，防止痤疮的发生。牡蛎、动物瘦肉、豆类、坚果和全谷物等食物中都富含锌。

## 植物营养素

植物营养素是指植物中的有益化合物。它们天然存在于某些食品中，你也能在很多护肤品中找到植物营养素成分。植物营养素不是人体必需的营养素，但这并不意味着植物营养素毫无用处。

$\beta$-胡萝卜素等类胡萝卜素就是植物营养素，茶叶、红酒和苹果中的类黄酮，以及花生、开心果、红酒、白酒中的白藜芦醇也都是植物营养素。

番茄红素和叶黄素也是植物营养素。其中，番茄红素可以防止皮肤中的胶原蛋白降解，帮助皮肤抵御紫外线（不过，防晒霜仍是必不可少的护肤品）。

叶黄素可以让局部皮肤免受蓝光的损害，还有助于保护视力健康。叶黄素存在于深色绿叶蔬菜和蛋黄等食物中。

你可能想问我们可以获得的最佳植物营养素是什么，我的答案是：DIM（二吲哚甲烷）。虽然这是一个专业名词，但它在护肤领域出现的频率非常高。

DIM 是在十字花科蔬菜（如抱子甘蓝、羽衣甘蓝、西蓝花和卷心菜）中发现的一种植物营养素。DIM可以调节人体内的雌激素水平，是雌激素阻断剂中的一种常见成分，但其效果还有待评估。不过，我的一些激素性痤疮患者在服用含有DIM的营养补充剂之后，情况得到了缓解。除了服用DIM补充剂以外，若想从饮食中获得DIM，你可以尝试吃羽衣甘蓝奶昔。

我有一位客户曾多次预约了咨询服务，随后却又取消了，因为她对自己的皮肤状况感到非常沮丧，不化妆的话就无法出门，即使来我们这里做咨询也要化妆。但我们更希望看到客户皮肤的真实状态，这对于我们提供专业服务至关重要。此后，她开始使用DIM和锌补充剂。过了一个月，我打电话提醒她预约下一次的咨询时间，电话那头的她声音非常自信，坦言她的皮肤状况已经有了明显的改善。8~10周后，她的痤疮症状从三级降至一级，面部皮肤健康状况也大大提升：不再红肿，也不会因为情绪问题而出现红斑了；虽然偶尔还会长痘，但不会留下痘印。

但请记住，一旦这些营养素开始为你的皮肤服务，就一定要坚持下去，要把它们纳入你的日常生活中。

## 胶原蛋白

胶原蛋白是构成人体皮肤和其他结缔组织结构的蛋白质之一。胶原蛋白可以使皮肤更加紧致，紧贴脸部轮廓。但是，人体的天然胶原蛋白储备从25岁起就开始逐步减少。

对于外用的胶原蛋白，由于其分子太大，是无法到达真皮附近的。不过，它可以通过营养素（如维生素A、维生素C）或临床治疗来发挥作用。在你摄入水解胶原蛋白后，它会产生显著的效果。但它不适合素食者，因为水解胶原蛋白的来源通常是海洋生物或牛科动物。

胶原蛋白补充剂中不仅含有胶原蛋白，通常还含有维生素C和其他成分，后者可以促进皮肤自行产生胶原蛋白。但要记住，使用之前请先咨询医生。

## 理想的护肤饮食

你要树立为你的皮肤提供尽可能多的营养素的目标，因为从本质上讲，营养素无论是直接摄入还是间接摄入都对皮肤有益处。

我再次提醒你，在决定改变饮食结构前（如停止食用乳制品），请先咨询专业人士的意见。下面我来介绍一下我的每日饮食建议。

早晨，你可以在面包片上抹适量鳄梨泥，以摄取必需脂肪酸、纤维和其他营养素。总体而言，纤维对人体是有益的，它有助于加速肠道蠕动，增进消化道健康，从而改善皮肤状况。你还记得肠道健康状况和肌肤健康状况之间的关系吗？如果肠道消化功能不好，你的皮肤可能就会受苦。你也可以在抹了鳄梨泥的面包片上添加草莓，以增强其抗氧化效果。

另一种对皮肤有益的早餐是无糖草莓酸奶加亚麻子。活性酸奶中含有有益肠道健康的益生菌，草莓中的维生素 C 含量较高，亚麻子则含有丰富的必需脂肪酸。

我个人喜欢在早餐时吃羽衣甘蓝和藜麦汉堡，可以从中摄取维生素 B、维生素 A、维生素 C、纤维和蛋白质等营养素。

胡萝卜和鹰嘴豆泥可作为不错的健康零食。胡萝卜固然是 $\beta$-胡萝卜素的重要来源，但我更喜欢鹰嘴豆泥的味道，其蛋白质和纤维含量也较高。

蛋白质是皮肤的主要组成成分，对修复皮肤损伤至关重要。杏仁是一种高蛋白零食，鹰嘴豆和毛豆也是，它们可以增强饱腹感，减少了人们吃加工零食的机会。

除此之外，你还可以选择苹果和天然花生酱（未添加糖等成分）当作零食。它们既能满足味蕾对甜味的渴望，蛋白质和纤维的含量也高，还富含维生素 C 和 $\omega$-6 脂肪酸。想吃甜食的话，水果自然是上佳选择，浆果（如覆盆子、草莓和蓝莓）的血糖指数低，味道却足够甜。我建议你食用少量浆果和无盐坚果（如无盐核桃和腰果），以增强皮肤的抗氧化能力。坚果还会使你产生饱腹感，这样一来你就不会总想着吃加工零食了。

晚餐时间，你可以吃三文鱼（用烤箱烘烤或蒸煮以保留尽可能多的营养）和红薯，以摄入足量的$\beta$-胡萝卜素，在调味料中加入少许姜黄可以提升其抗炎作用。你也可以用姜黄搭配羽衣甘蓝、菠菜和甜菜根食用。羽衣甘蓝富含维生素C、$\beta$-胡萝卜素和维生素B，菠菜富含$\beta$-胡萝卜素和维生素C，甜菜根富含维生素A和维生素C。

我在自己家的墙上贴了一张有益于皮肤健康的奶制品表格。这张表格记录了我每天吃了多少富含必需脂肪酸的食物、喝了多少水等。通过这类表格，你可以判断自己的饮食是否健康。把你的日常饮食通过表格的形式展现出来吧，这有助于你更好地了解哪些食物应该继续多吃，哪些食物应该少吃。

|      | 必需脂肪酸 | 蛋白质 | 优质碳水化合物 | 有益脂肪 | 抗氧化剂 | 水 | 加工食品 |
| --- | --- | --- | --- | --- | --- | --- | --- |
| 星期一 |  |  |  |  |  |  |  |
| 星期二 |  |  |  |  |  |  |  |
| 星期三 |  |  |  |  |  |  |  |
| 星期四 |  |  |  |  |  |  |  |
| 星期五 |  |  |  |  |  |  |  |
| 星期六 |  |  |  |  |  |  |  |
| 星期日 |  |  |  |  |  |  |  |

星期日的时候放飞一天，想吃什么就吃什么也是可以的，但不要太过分，并且要继续坚持护肤，做做面膜或皮肤按摩。

**护肤日记自测题**

现在你知道了保持皮肤健康所需摄入的营养素，请在护肤日记中记录你的营养素摄入情况，以及你还应该吃哪些食物。

如果你已经确定了你还需要摄入哪些食物，就把它们列出来，并想方设法将它们纳入日常饮食计划。请认真考虑一下你的饮食习惯对皮肤的不良影响，基于此，你可能需要减少某些食物的摄入量，我知道这不容易做到。比如，将每天喝三杯咖啡减为两杯……再减为一杯。又或者，从今天开始，不要再往你的咖啡里加糖了……

不要忘记每隔两周给你的皮肤拍一次照，并把它们按照时间顺序保存在一个文件夹中，这便于你客观地跟踪皮肤的改善情况。

## 平衡膳食就够了吗？

我从不自称营养学家，但我也深知平衡膳食的理念和做法是值得提倡的，有助于我们摄取多种有益于皮肤健康的营养素。这意味着，你每天都需要摄入一定比例的优质碳水化合物、蛋白质、有益脂肪和蔬果。比如，你的餐盘上应该有40%~50%的蔬菜，20%~25%的瘦肉蛋白，20%~25%的淀粉状碳水化合物。但如果你从事的是体力劳动，可能就需要摄入更多的碳水化合物；如果你在进行特定的健身计划，可能就需要摄入更多的蛋白质（如果你不知道该如何搭配饮食，建议你咨询营养师）。

通常，每日推荐摄取营养素的数量是指维持一般健康状况所需的最低量。但要想对皮肤产生真正的影响，你需要摄入的维生素C要比推荐量更多。为了拥有活力无限、容光焕发的皮肤，我们需要摄入比每日推荐量更多的营养素，争取达到每日最佳摄入量。

## 营养补充剂

我经常被问到的一个问题是：只要做到膳食平衡，就能确保皮肤健康状况良好吗？依据我的经验，事实并非如此。五颜六色、富含蔬菜的饮食搭配营养补充剂，确实能改善你的皮肤健康状况，使你拥有梦寐以求的有弹性、白皙、润泽的皮肤。

但我们在追求皮肤健康时，不能用营养补充剂替代饮食。我之所以认为有必要使用营养补充剂，是因为我们的生活节奏很快，承受着巨大的身心压力，很难衡量我们真正从食物中摄取的营养量。蒸煮、微波、油炸的食物，加上咀嚼不充分，都可能会导致营养素的摄取量大打折扣。

随之而来的挑战是，如何从饮食中获取更多的营养素。一方面，我们的食量有限；另一方面，你所吃食物的营养含量与其生长的土壤环境有关。你不需要深入了解农业也会知道，轮作是一个不容忽视的问题。由于市场对农作物需求旺盛，土壤得不到休息，其中的矿物质相应减少，农作物的营养含量也会下降。

最后要明确一点，你的饮食决定了你的健康水平。如果我们能在花园里自己种粮食、果蔬就好了，至少它们没有被喷洒过杀虫剂或除草剂。可惜你根本做不到，当你从食物中摄取营养素时，它们总会从中作梗。

因此，包括肠道益生菌在内的营养补充剂将是你的好帮手，它们的营养素含量比我们从食物中获取的更高。它们并非可有可无，而是健康的饮食必不可少的搭配。

即使我们做到了膳食平衡，仅通过饮食来获取人体所需的所有营养素也是不可能的。而营养补充剂在让我们的身体变得更健康的同时，也能为我们的皮肤提供额外的营养。

营养补充剂的效果需要过一段时间才能看到，它们与面膜等更直接的护肤品的作用不同，因此大家在使用营养补充剂的时候也要耐心一点儿。每个人的情况都不一样，但通常来说至少要过一个月才能见效。高级营养计划（Advanced Nutrition Programme）建议营养补充剂的使用周期为90天，具体时间取决于不同人的营养水平、饮食中营养素的含量和新陈代谢率。

随着口服补充剂市场的迅猛发展，现在可供选择的品牌有很多。我在向客户推荐具体产品之前，都会自己先试用，再做相应的调整。我只推荐与护肤相关的品牌，这意味着这些补充剂会对皮肤产生影响。我们在追求皮肤健康的同时，也要对这些补充剂的护肤效果进行测试，而不只是测试其对整体健康的影响。我知道身体健康至关重要，但我的终极目标是打造健康的皮肤！

无论你选择的是哪个品牌，补充剂主要有两种：水溶性补充剂和胶囊补充剂。选择哪种类型，完全看个人情况。我的基本原则是：针对具体的客户，将使用产品前后的照片进行对比，从而做出选择。最重要的是，我能从中得到比临床试验报告更加直观的结论。

当你随餐或饭后服用营养补充剂时，还是要稍加留意，否则偶尔打个饱嗝，你就可能体验到"回味无穷"的感受。有人曾在第一次跟恋人约会前服用补充剂，结果这一举动让那次的约会格外难忘。如果你不在就餐时服用补充剂，你就会产生明显的灼热感。每个品牌的补充剂都会给出明确的服用方法和时间建议，请一定遵照相关说明服用。

当你寻找补充剂时，你要考虑适量补充必需脂肪酸。每周吃一次鱼，无法让你摄取足量的必需脂肪酸（特别是 $\omega$–3 脂肪酸），吃炸鱼条或鳕鱼薯片更是无济于事。你也要考虑补充更多的抗氧化剂，包括维生素 A、维生素 C、益生菌和消化酶。

有没有一种补充剂富含上述所有成分？通常一种补充剂不可能包含所有这些成分。如果你要服用一种多合一胶囊，那么你需要弄清楚制造商在这一粒胶囊中装入了多少营养素。

但是，具体服用哪种补充剂，应以你的具体护肤目的为准。我每天需要服用 6 种不同的补充剂：

- 欧米茄补充剂，可从内到外控制油脂并滋润我的皮肤。每天晚餐时，我会随餐服用 2 颗。
- 维生素 A，可预防色斑，调节内分泌。我每天会随餐服用 1~2 颗。
- 维生素 C，一种强大的抗氧化剂和免疫系统促进剂。每天晚餐时，我会随餐服用1颗（含1 000毫克维生素C）。

- DIM，可调节人体内的激素水平，缓解可能由激素水平波动引发的皮肤问题。
- 益生菌，可实现肠道健康。
- 消化酶，可促进食物的消化吸收，我会在每餐饭前服用1颗。

一次服用一种以上的补充剂是可以的，但切忌过量服用，否则你可能会中毒，尤其是维生素A，维生素A的每日摄入量不应超过300 000 IU（国际单位）。如果你是一名孕妇或正在哺乳期，就不要服用维生素A补充剂了。生产完和母乳喂养结束后，你需要补充大量的维生素A，而如果你的孩子已经到了青春期，那就更不用我多说了！

服用多种补充剂，有助于从多个角度解决你关切的皮肤问题。

- 如果你担心皮肤老化，可以考虑服用维生素A、欧米茄、维生素C和胶原蛋白补充剂。
- 如果你有痤疮/油性皮肤的烦恼，可以考虑服用维生素A、DIM、锌、欧米茄和益生菌补充剂。
- 如果你有皮肤色素沉着问题，可以考虑服用维生素A、维生素C补充剂。

- 如果你有皮肤干燥、起皮或皲裂的问题，可以考虑服用欧米茄、维生素A、维生素C补充剂。

无论你关注皮肤的哪些方面，以下补充剂对每个人几乎都有益：益生菌、消化酶、欧米茄、维生素A、维生素C、胶原蛋白和抗氧化剂补充剂。除了考虑特定营养素的含量外，最好选择具有高生物活性的补充剂。如果补充剂具有较高的吸收率，并且生产方式合规，那么制造商可能会采取以下两种举措：第一，在产品包装上和广告宣传中强调这一点；第二，在其网站上广而告之。你要深入研究不同的品牌，甚至可以给它们的客服致电咨询！要明确某个品牌的补充剂是否经过实验室测试和临床试验，是否取得了说明书上声称的效果。

\* \* \*

皮肤是否健康，不仅取决于你吃了什么，还与人体消化食物、吸收和分配营养素的能力相关。你摄入的食物或补充剂越优质，肠道消化和吸收起来就越容易，身体和皮肤也会从中受益。

尽可能多地去了解制造商在生产营养补充剂的过程中是否使

用了你不希望摄取的抗结剂（阻止成分黏结在一起），以及制造商的质量控制程序。你当然希望获得高品质的补充剂，所以你需要确认补充剂的成分，并检查产品标签上的说明是否存在某些用途不明的成分。你可以上网搜索特定的抗结剂成分，前往补充剂品牌网站查找资料，或者与销售代表谈一谈。虽然这样做看起来有些麻烦，但肯定比你随便从超市货架上买一瓶补充剂要好。那么，如何保证你食用的是高品质的营养补充剂呢？

## 我的建议是什么？

我建议你挑选适合自己的产品，并长期使用，但前提是你一定要清楚地了解自己所用产品的成分和功效，因为它们通常只适用于特定的皮肤状况。

### 胶原蛋白补充剂

胶原蛋白口服液含有水解胶原蛋白，这种胶原蛋白因为分子较小而易于被人体吸收。它可以减少皱纹，增加皮肤弹性，并减缓皮肤失去胶原蛋白的速度。若这种口服液中也含有维生素 C，就可以促进皮肤自身产生胶原蛋白和生物素来增强皮肤的韧性。若这种口服液中也含有维生素 $B_6$，则可以应对皮肤胶原蛋白和抗氧化剂分解等问题。另外，你还可以选用含有透明质酸（HA）、绿茶叶提取物、巴西莓水果提取物和石榴水果提取物的产品。

这种内服补充剂通常需要每天服用一次，我建议大家随早餐服用。一般来说，在服用一个月后，皮肤就会变得光滑紧致，还能焕发新的活力。它是缓解皮肤老化的良方，众所周知，人体皮肤老化从 25 岁就开始了。

**益生菌补充剂**

每个人都被细菌包围着，但并非所有细菌都是有害的。就像脂肪一样，它也常被误认为没有任何作用，但事实并非如此。我们的肠道内有一个由许多不同类型的微生物组成的极其复杂的生态系统，可以确保身体的一切活动正常进行。

一旦肠道中的菌群失衡，就会引起皮肤炎症。用戴安娜·罗斯（Diana Ross）的话说，肠道菌群失衡后，人体将发生连锁反应。肠道菌群与皮肤之间的这种联系被称为"肠道-皮肤轴"。例如，研究表明，有酒渣鼻的人更容易出现小肠细菌过度生长的现象，而患有肠胃炎的人通常也更容易发生皮肤炎症。

肠道菌群的平衡是动态的。定期服用药物（特别是抗生素）可能会破坏肠道脆弱的生态系统，导致心理压力倍增和失眠。益生菌补充剂可以帮助你恢复肠道的菌群平衡，从根本上防止肠道发炎。这就是为什么服用益生菌补充剂非常重要，尤其是对于有酒渣鼻、湿疹和皮肤严重充血问题的人。

### 皮肤外用益生菌

可能你没有意识到，你也可以使用直接作用于皮肤的外用益生菌。不仅肠道内有菌群，你的皮肤也有自己的微生物群落。但是，人体皮肤不像肠道那样受到脂肪、组织和皮肤的保护，它的天然菌群平衡更易遭到破坏。

有益的菌群构成了皮肤的酸性屏障，可以阻止有害细菌和病毒的攻击，并与湿疹、酒渣鼻做斗争。

益生菌不仅对有皮肤问题的人有益，使用含有益生菌的护肤品还可以减少细纹和皱纹，加快皮肤的修复过程。我们此前也提过，衰老会减慢皮肤的修复速度。

读到这里，你的思绪可能已经转移到冰箱中的酸奶上了。我们不必像敷面膜一样给脸敷上益生菌酸奶，否则当酸奶在皮肤上变暖时，气味会非常怪异。如果你的皮肤和身体是健康的，你当然可以饮用含有益生菌的酸奶，但酸奶里可能添加了糖。有多种皮肤益生菌补充剂可与皮肤的天然菌群一起发挥作用，这些产品与肠道益生菌补充剂既有相同之处，也有不同之处。相同之处是两者都是益生菌；不同之处是，一种用于补充肠道益生菌，另一种用于补充皮肤益生菌，发挥作用的地方不同。

你可以使用益生菌护肤品促进皮肤有益菌群的大量繁殖。这种产品可以与日常保养品交替使用，也可以将其添加在洗面奶、面膜或其他护肤品中每天使用，益生菌护肤品通常对皮肤容易过敏的人非常有帮助，因为皮肤过敏往往是外部因素破坏了皮肤的菌群平衡所致。

你要过多久才会看到护肤效果？护肤品都是长效产品，得过段时间才能看出效果。一些产品的说明书告诉你需要使用三个月以上才能见效，但有些产品几周后就会见效。简而言之，坚持是关键。

**护肤日记自测题**

你是否正在服用某些营养素补充剂？

它们是什么？它们的作用是什么？它们的质量如何？自从服用这些补充剂以来，你是否注意到它们给皮肤带来了些许变化？

请按时按量服用。

每隔两周拍一次照片记录使用这些产品给你的皮肤带来的变化。

第 4 课

# 皮肤的类型

## 皮肤类型

皮肤类型可大致分为干性皮肤、油性皮肤、中性皮肤、混合性皮肤。虽然我们应该很熟悉这些皮肤类型，不过，我不建议按此标准简单地对你的皮肤进行归类。至少在我看来，这种分类法不足以为你的护肤之路指明方向。相比之下，我宁愿去解决和讨论具体的皮肤问题。

将人体皮肤分为四大类型的做法可以追溯到1902年，当时化妆品行业巨头赫莲娜·鲁宾斯坦（Helena Rubinstein）首次将皮肤分为干性、油性、中性和混合性四种。尽管这种分类在当时看来具有革命性意义，但时至今日我认为我们有必要对皮肤的分类制定更加科学的标准。

## 中性皮肤

拥有中性皮肤的人，其皮脂腺会以正常的速度分泌油脂。他们的毛孔大小正常，一般只有针尖大小。皮肤水分含量适中，质地均匀，弹性好。他们不会感觉皮肤干燥，也不会油光满面，这种健康、润泽的皮肤让人羡慕。

## 干性皮肤

干性皮肤的人可能会存在皮脂腺活动不足的情况。这样的皮肤油脂分泌不足，显得暗淡无光。干性皮肤水分含量低，缺乏弹性。

## 油性皮肤

这样的皮肤上有许多油脂腺体，会分泌蜡酯、甘油三酯和角鲨烯。这些脂肪形成了一层薄膜，可以保持皮肤中的水分。但若皮脂增加，则会导致皮肤油腻，饮食、压力、激素或遗传因素是油性皮肤形成的原因。油性皮肤的毛孔粗大，经常出现黑头或斑点，油腻感甚至会遍布全身。

## 混合性皮肤

混合性皮肤兼具油性皮肤和中性皮肤或干燥皮肤和中性皮肤的特点。任何人都不可能兼有干性皮肤和油性皮肤，不过，你倒是可能拥有缺水状态的油性皮肤（稍后我将解释两者之

间的区别）。油性皮肤者的T形区或其他区域的油脂腺体通常
会更多，而混合性皮肤者的面部不同部位的毛孔可能会大小
不一。

# 皮肤的保护层

　　你的皮肤的干燥、出油或者敏感程度，都是由皮肤保护层及
其状态决定的。如果你是中性皮肤，那就意味着你的皮肤保护层
处于健康状态。

　　皮肤保护层出问题，是大多数皮肤病的根源。它就像一堵砖
墙，每块砖都由脂质固定在适当的位置上，将营养素或干扰皮肤
的负面因素屏蔽在外。天气、清洁剂、丙酮、氯化物、长时间浸
水（如热水淋浴时间过长）或化学药品都会削弱或破坏皮肤保护
层。除此之外，皮肤保护层还跟遗传因素有关。

　　皮肤保护层受损会使皮肤失去水分或使刺激性物质侵入皮
肤，引起皮肤干燥或过敏。尽管在皮肤上涂抹厚厚一层乳霜似乎
有所帮助，但这样做并不能解决根本问题。只有通过减少角质的
剥落、涂抹防晒霜，并采取其他相关的护肤措施，才能避免皮肤
保护层受损。

## 其他皮肤类型

　　为了更好地理解皮肤的表现及其需要，我们不能简单地把皮肤分成干性、油性等类型，而是要做更多的对比研究。例如，比较干性皮肤与皮肤干燥，比较敏感性皮肤、皮肤过敏与皮肤免疫力，比较有色素沉着与无色素沉着，比较胶原蛋白加速降解和胶原蛋白正常降解，等等。

　　我之所以这样做，是为了帮助大家深入理解皮肤类型，而不是笼统地将皮肤分为干性、油性、中性和混合性等类型，并在此基础上习得有效的护肤方法。

### 干性皮肤与皮肤干燥

　　干性皮肤是一种皮肤类型，而皮肤干燥是一种皮肤状态。干性皮肤表明皮肤缺乏油脂，而皮肤干燥意味着皮肤缺乏水分。

　　干性皮肤具有遗传性，是与生俱来的，而皮肤干燥可能是由生活方式导致的，也有可能是皮肤保护层受损造成的。如果你的皮肤干燥，皮肤的纹路就会更加突出，看起来暗淡、紧绷甚至会发痒或发炎。

　　我经常通过照镜子来测试自己的皮肤是否干燥。如果你轻轻按压鼻子后看到紧绷的线条，这通常就表示皮肤处于缺水的状态。如果你按压脸颊并将其向上推后看到水平纹路，这也表明皮肤缺水。对很多人来说，皮肤干燥都是一个问题，这主要是因为皮肤没有足够的水和必需脂肪酸来控制水分含量。

## 敏感性皮肤、皮肤过敏和皮肤免疫力

像干性皮肤一样，敏感性皮肤也是遗传性的和天生的，这种类型的皮肤对外界刺激的反应非常强烈。

人们通常认为敏感性皮肤是一种皮肤类型，但实际上它更像一种皮肤状况。敏感性皮肤常处于应激状态，对新的护肤成分和其他任何新刺激都高度敏感。皮肤过敏通常是由生活方式引起的，例如，你过度使用护肤品，没有将皮肤视为器官，不尊重皮肤的规律。炎症是敏感性皮肤或皮肤过敏的共同特征，表现为斑点、发红、酒渣鼻和瘙痒等问题。

从寒冷的室外进入装有温控的室内会使皮肤敏感；不使用防晒霜会使皮肤敏感；使用婴儿湿巾和卸妆水会使皮肤敏感；过度去角质、滥用含刺激性成分的护肤品、淋浴水过热会使皮肤敏感；喝酒也会使皮肤敏感。

敏感性皮肤和皮肤过敏很容易区分。如果你多年来使用某些护肤品都没有出现过敏问题，但突然有一天开始排斥某些成分，这很有可能是皮肤过敏。过敏后皮肤会变得薄而紧绷，常有发红、脱皮或出疹子等症状。

当提到皮肤具有免疫力时，我们指的是不容易产生（负面）反应的皮肤。有免疫力的皮肤具有完好无损的保护层，但由于皮肤保护层能阻止物质进出皮肤，具有免疫力的皮肤在使用含活性成分的护肤品后收效也甚微。

## 有色素沉着和无色素沉着的皮肤

我们除了要区分皮肤的类型外，还要看皮肤是否有色素沉着。皮肤中的色素可以避免皮肤过度暴露在光线下，并为皮肤创建遮挡光线的保护层。

色素沉着是指皮肤部分发黑、呈现小麦色或出现雀斑的现象。色素过少是指失去色素因而失去皮肤保护的过程。黄褐斑是皮肤的色素屏障，这种色素沉着往往以类似蝴蝶的形状出现在人的脸颊上。晒斑与年龄或肝脏问题无关，但会因阳光而加重。

虽然我们常把小麦色皮肤与美丽的形象关联起来，但其实它

是由阳光暴晒造成的。黑色素是保护人体皮肤的关键，它是皮肤
对光的防御机制，能破坏基底细胞DNA，改变基底细胞的细胞核
结构，使新产生的皮肤组织被着色。色素沉着也可能由激素水平
升高引起，例如进入青春期、服用避孕药、使用激素替代疗法、
服用抗甲状腺药物和怀孕等。

皮肤色素沉着分为以下几种：

黄褐斑是指浅色、棕色或灰色的皮肤斑块，通常由阳光暴晒
诱发，往往出现在鼻子和脸颊上，呈蝴蝶状。

晒斑是皮肤被太阳晒伤后留下的印记。晒斑的出现警示人们
要严防日光晒伤。如果你经常出现晒斑，通常无须担心，但如果
晒斑没有任何征兆地突然出现，那么你也许应该换用防晒系数更
高的防晒霜。

大多数人都会将雀斑与日晒或阳光直射造成的晒斑混淆起来。

如果你年轻时皮肤白皙，而现在肤色黝黑，那么你的"雀
斑"更有可能是晒斑。举起你的手臂使其内侧紧贴脸颊，手臂内
侧的皮肤往往没有暴晒过，就皮肤的质感和色泽而言，它是一个
很好的参照指标，它能告诉我们皮肤是否受到了日光等外部因素
的损伤。

在我看来，我们总是纠结于皱纹、细纹和毛孔问题，但其
实，均匀的肤色才是年轻容貌的显著标志。

无色素沉着或色素过少指的是皮肤缺乏色素，当皮肤中的黑色素细胞和黑色素减少或酪氨酸（一种用于制造色素的氨基酸）含量较少时，就会发生这种情况。其结果是形成比皮肤颜色更浅的斑块或斑点，在深肤色人群中较为常见。白癜风是色素过少的一种表现形式，著名模特温妮·哈洛（Winnie Harlow）就患有这种疾病。

任何形式的皮肤损伤都可能会导致色素沉着不足，包括晒伤、割伤、擦伤、斑点和水痘。如果护肤方法不当，例如采取强脉冲光疗法或去角质过度，也可能会造成这种情况。

强脉冲光和飞梭激光都是应用于临床的色素沉着疗法，局部使用类固醇皮质激素也有一定的疗效。你还可以通过使用药物使周围的皮肤更亮白，帮助色素沉着不足的区域与周围的皮肤融为一体，实现逆向治疗。

为了应对与色素沉着相关的问题，我们一定要涂防晒霜，来预防色素过少或无色素沉着的问题。不管你的皮肤是什么类型，全球标准的防晒系数至少为30，但理想值为50。

## 日光浴后伤害会持续

小麦色的肤色从来不是好事，它只能证明你的皮肤已经受到了一定程度的损伤。但是，如果你的皮肤的小麦色能够很快褪

去，就表明你的皮肤代谢
旺盛，虽然晒日光浴给你
带来了一定的伤害，但整
体皮肤状况还算健康。

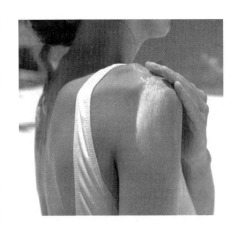

　　即使你的皮肤的小
麦色已经褪去，它受到的
损伤可能仍然存在，因为
紫外线会损害基底细胞的
DNA。如果受损的细胞分裂产生新细胞，新细胞也会受到伤害。

　　简单来说，晒日光浴不是好事。无论如何，一定要保护自己
不要在日光下暴晒。不要小麦色，不要雀斑，不要晒伤。

## 皮肤和阳光

　　神话中有许多有关阳光影响皮肤的情节，这可能是因为人们
热爱阳光，希望找到正当的理由去户外晒太阳。有一种观点认为
阳光有助于治愈痤疮和淤血，但事实并非如此。太阳可以暂时缓
解痤疮恶化，这是因为紫外线会抑制人体的免疫系统，进而抑制
导致痤疮红肿的炎症。最重要的是，如果你抱着阳光可以治愈痤

疮的幻想却不使用防晒霜来改善痤疮，那么你肯定会晒黑，而且斑点的颜色将更接近越来越深的肤色。

晒太阳无助于缓解皮肤充血的问题，因为阳光无法根除充血的诱因。实际上，脱水会致使你的皮肤产生更多的油脂，从而加剧皮肤问题。从长远看，如果你不晒太阳并坚持每天涂抹防晒霜，你的皮肤将会越来越好。

如果你的皮肤呈油性且易长色斑，那么你可能发现出汗会加剧色斑问题。所以，我的建议是，在暖和的天气里，你最好不要化浓妆，也不要使用气味和质地浓厚的化妆品；你应该化淡妆，使用质地和气味清爽的化妆品，以免因出汗而形成色斑。

外出度假时，没有什么比汗疹更煞风景的了。汗疹让人觉得瘙痒、不舒服，看上去也很不雅观。如果你的汗腺堵塞，汗水滞留在皮肤中，并以疹子或痱子的形式引起炎症，就会引发汗疹，也叫粟疹。

要想不发生汗疹，最好的办法就是尽可能少出汗。棉质衣服的透气性和散热性好，是比较亲肤的衣物。如果感觉太热，你可以用冷水给身体降温，让皮肤保持湿润。与此同时，你可以选用物理防晒霜，因为化学防晒霜会让皮肤吸收过多的热量，并将热量留存在皮肤里，引起汗疹。将冰袋敷在长汗疹的地方，有助于减轻炎症。

暴露在阳光下会导致色素沉着，而乙醇酸、乳酸、壬二酸和水杨酸等成分会使你的皮肤对阳光更敏感，也更容易发生色素沉着、色素过少或其他与阳光有关的皮肤问题。如果你生活在热带或者打算去阳光充足的地方度假，请暂时不要使用酸性护肤品。

当暴露在强光（紫外线B段射线）下时，请一定要做好皮肤防护，没有防晒措施就不要晒太阳。买一顶大帽子，选择优质的身体防晒霜，在化妆前涂抹好面部防晒霜。如果你对化学防晒霜敏感或易生汗疹，可以选择物理防晒霜，后者的主要活性成分是氧化锌和二氧化钛。

如果你不幸被晒伤了，切记不要往晒伤部位涂抹浓稠的乳霜（比如凡士林），因为这样做会将热量都吸收到皮肤中。

晒伤后的 24 小时内一定要让皮肤充分散热。芦荟制成的舒缓凝露有助于减轻晒伤带来的酸痛感，你也可以使用专门的晒后修复霜。记住，你要像对待烧伤的皮肤一样对待晒伤的皮肤。

第二天，你也不要使用化学防晒霜，而应选择物理防晒霜，因为前者中的化学成分会进一步刺激晒伤的皮肤。而且，不要再晒太阳了，待在阴凉处直到皮肤完全修复。

如果皮肤晒伤后起泡了，请在起泡的位置贴上膏药使其愈合。一定要坚持用药，不要去摸、戳或使其暴露在更多的阳光下。晒伤问题不容小觑，需要我们谨慎对待。

不要忘记给嘴唇防晒。有多少人忘记了自己的嘴唇也会被晒伤？嘴唇的皮肤受损后，它的样子很容易让人想起影视剧中的"香肠嘴"。

## 胶原蛋白加速降解和胶原蛋白正常降解

胶原蛋白降解属于蛋白质的正常分解，而胶原蛋白加速降解意味着蛋白质的分解速度过快。随着年龄的增长，胶原蛋白加速降解的情况就会发生。所有衰老迹象都会随之出现，无论是皮肤松弛下垂，还是出现细纹、皱纹。

在基质金属蛋白酶，尤其是胶原酶和弹性蛋白酶的作用下，胶原蛋白和弹性蛋白降解产生氨基酸，用于合成新的蛋白质。随着年龄的增长，这些酶变得更有活性，而人体则逐渐失去能阻止这些酶发挥作用的基质金属蛋白酶抑制剂。基质金属蛋白酶抑制剂就像小学老师一样，能阻止吵闹的孩子们破坏学校的设施。

在太阳下晒几个小时之后，暴露在阳光下的皮肤会触发大量基质金属蛋白酶的产生。烟草也会促生基质金属蛋白酶，这也是吸烟者比不吸烟者更容易衰老的一个原因。简而言之，能制造更多基质金属蛋白酶的生活方式会加速胶原蛋白的降解过程。

## 胶原蛋白降解的常见问题

如何区分胶原蛋白的正常降解和胶原蛋白的加速降解呢？

> 胶原蛋白的降解速度正常与否，并不存在一个统一的衡量标准，而主要取决于我们的基因。一方面，我们的相关基因是从父母那里遗传来的，另一方面，它们也受到我们的生活方式的影响。这听起来是不是很可怕？但这就是事实。
>
> 胶原蛋白的降解速度变慢会怎么样？
>
> 我们会因此长生不老吗？当然不会。但当胶原蛋白的降解速度变慢时，人看起来就会更年轻。如果你体内的基质金属蛋白酶抑制剂更有效，并避免产生过多的基质金属蛋白酶，那么从理论上讲，你的胶原蛋白和弹性蛋白将处于年轻态，细纹、皱纹会减少，你的皮肤会变得更丰润、紧致、有弹性。

## 胶原蛋白加速降解并非坏事

胶原蛋白加速降解听起来不是一件好事，但人体总会随着时间的流逝而老化。

事实上，衰老是一份不容你拒绝的礼物。我们可以对抗胶原蛋白的加速降解，却不能阻止它。但是，如果你每天坚持使用防晒霜并注意保护角质（我们在这一点上教训深刻），通过饮食摄取大量蛋白质、维生素 A 和维生素 C，就能减慢胶原蛋白的降解速度。

## 如何确定你的皮肤状况？

在推荐护肤品并分析有关皮肤问题的建议和治疗方法之前，我们得先弄清楚你现在的皮肤状况。最好的方法就是照镜子，我知道，这听起来很平淡乏味。要想真切地知道自己的皮肤状态，你可以观察一下早上和下午 4 点时皮肤的样子，你对皮肤的担心或不满就会变得一清二楚。不用焦虑，按照下面几点去做就可以了。

*1.* 清洁脸部，不要涂抹任何护肤品。

*2.* 一小时后照照镜子。这时，你的皮肤将布满天然油脂，我们可以从中了解你真正的皮肤状态。

*3.* 摸一摸你的 T 形区（鼻子和额头区域），感觉油腻吗？如果是，说明你的皮肤偏油，含有水杨酸的洗面奶对你来说是个不错的选择。

*4.* 你的 T 形区是否粗糙？如果是，说明你的皮肤偏干。在这种情况下，你需要每周使用必需脂肪酸来锁住皮肤内的水分，使用两次含乙醇的去角质剂，还要每天使用防晒霜保湿。

**5.** 你的皮肤很紧绷吗？如果是，说明你的皮肤很干燥，需要使用更多的必需脂肪酸来锁住皮肤内的水分。

**6.** 你的皮肤表面有凹凸不平的地方吗？如果有，说明你的皮肤有多余的油脂。针对这个问题，你可以选用含水杨酸的洗面奶。

**7.** 你的皮肤摸起来光滑吗？如果是，说明你的皮肤是中性的，祝贺你。但你也不能忽略必要的护肤措施，要使用抗氧化剂和防晒霜避免潜在的皮肤损伤和老化。

**8.** 你的脸全天都有光泽吗？如果是，说明你的皮肤是油性的，一定要用不含油脂的化妆品。（有趣的知识：含油脂的化妆品只有在温度低于37摄氏度时才不会脱妆，而一般的化妆品在研发时并没有考虑温度因素，如果里面还加了油脂，定妆难度就更大了。）

**9.** 到了中午，你的化妆品会在皮肤表面结块吗？如果是，说明你的皮肤比较干燥或处于脱水状态。

**10.** 你的皮肤白天有紧绷感吗？如果是，说明你的皮肤比较干燥或处于脱水状态，可以选用添加了透明质酸的精华液。

**11.** 你的毛孔是大是小？鼻子上和脸上的毛孔肉眼可见吗？如果毛孔小而紧，就说明你的皮肤比较干燥。如果毛孔大而粗，就说明你的皮肤比较油腻。正常情况下，你可能根本看不到毛孔——你的皮肤会看起来很光滑，仔细看才能发现上面的毛孔好像细小的针眼。

**12.** 你的皮肤发红或敏感吗？它总是对护肤品中的新成分有反应，还是最近才这样？如果你对所有这些问题的回答都是肯定的，你的皮肤就是敏感性的。我们对过敏性皮肤和敏感性皮肤的处理方法几乎相同，但对于敏感性皮肤，还要重点关注如何形成皮肤保护层，尽量不要损坏角质或过度去角质。因此，我们在使用含酸护肤品后应让皮肤充分休息，直到皮肤的 pH 值恢复弱酸性，菌群实现平衡。

**13.** 检查胶原蛋白的降解情况，不妨跟你的同龄人对比一下。如果你比那些日常涂防晒霜、不抽烟、不喝酒的同龄人的细纹和皱纹更多，或者皮肤更薄、更松弛，这就是提前衰老的一个重要标志。但如果你从三四十岁开始才出现细纹和皱纹，这就是正常现象。你可以观察一下家里的长辈，他们在你这个年纪时皮肤状况如何？如果和你差不多，就可以判定你的胶原蛋白的降解速度是正常的，安心接受这种状态即可。

**14.** 处于脱水状态的皮肤对透明质酸等水基保湿剂往往反应良好。如果你的皮肤处于脱水状态，它看起来仍然有可能很油腻，但如果你是干性皮肤，你的皮肤就不会很油腻。你的皮肤一直是干燥的吗？如果是，就说明你是干性皮肤。你很容易识别出脱水状态，比如洗完澡后皮肤有紧绷感。这时候的皮肤略带光泽，摸起来更粗糙，用食指挤压它还会起皱。大部分人摄入的必需脂肪酸不足，也没有喝足够的水，所以缺水的皮肤状态很常见。这也和我们长时间坐在开着空调或有集中供暖的房间里有关。短期内你可以通过敷面膜来改善脱水状况，但从长远来看，要解决这个问题，我们需要饮食的调节和在做局部皮肤护理时加入油脂。

**15.** 迄今为止我没有遇到过一个没有色素沉着问题的人，所以你无须为此烦恼。你站在镜子面前，先观察乳房周围的皮肤（除非你喜欢裸体晒日光浴，否则这里的皮肤不太可能有色素沉着问题），再观察胸口和颈部，你可能会看到那里的皮肤有些发红，之后观察你的脸，你可能会看到色斑（天生的色斑为雀斑，其他色斑则往往是皮肤受到阳光照射而产生的色素沉着），以及一些不太明显的暗沉或斑点。了解面部色素沉着问题对护肤很有帮助，所以请不要慌张。顺便说一句，本节所列的各种问题，都有恰当的应对方法。

**16.** 最后，请留意你下巴上的粉刺，它们往往与激素水平有关，额头上的粉刺往往与消化系统有关，而耳朵周围的粉刺往往是你使用手机的缘故。此外，有些尚未成形的粉刺只有通过表皮活检才能发现，这往往是因为该区域的表皮尚未脱落。人们无法正确辨识出粉刺的根本原因在于，人们总是将黑头与皮脂腺丝混淆在一起。皮脂腺丝不是坏事，而且人人都有。如果你挤压它们，就会挤出来微量脂肪。但当你挤压黑头时，则会挤出大量的脂肪或油脂。我们要消灭黑头，但千万不要用手挤黑头。皮脂腺丝是人类皮肤的朋友，记住，皮肤需要油脂。

## 我们接下来该怎么办？

你需要结合你的总体皮肤状况（上文可能已经提到了一些）采取适当的措施，并做好记录。你应对影响你的皮肤的因素按照优先级排序，比如：

脱水：3

细纹：2

毛孔粗大：1

你要知道毛孔粗大问题可能需要长期的护理才能缓解，细纹也是。相比之下，脱水问题可以在短期内解决。所以我们可以先放下脱水的问题，集中精力解决细纹和毛孔粗大的问题。

# 男性皮肤和女性皮肤之间的区别

从生理上讲，男性的皮肤要比女性厚 25%，有更多的胶原蛋白，结缔组织的构成也不同，拥有更大的先天优势。男性的皮肤较厚，这意味着护肤品更难渗透，因此男性皮肤通常可以更好地处理乙醇酸。

男性的睾丸激素水平更高，致使皮脂腺更难起作用，因此男性的皮肤天生偏油性，易于长黑头和粉刺。

但如果你由此认为当男性和女性使用同样的护肤品时，男性不容易看到效果，我就不同意了。男性皮肤和女性皮肤所需的关键营养素是一样的，比如维生素 A、抗氧化剂、防晒霜、必需脂肪酸以及处理特定皮肤问题所需的其他营养素。

针对男性的护肤品牌和产品会使用特别的营销技巧、深灰色的包装，以及檀香木、烟熏之类的气味。我觉得这些做法没什么不好。但问题是，男士护肤品中通常含有收敛剂、去角质剂和致敏成分，比如刺激性的香氛和酒精。显然，这些成分对皮肤并不友好。

并非所有男士的护肤品都大同小异，一些品牌推出了具有创新性的产品，例如可以兼做保湿剂的剃须膏，为皮肤补充咖啡因或肤等成分，从而改善皮肤的外观和健康状况。市面上已经出现了沐浴露和洗面奶二合一的护肤产品，但其实所有的洗面奶都能用作沐浴露。

总之，男士与女士的护肤原则在本质上是相同的，而且我建议男士要从小处做起，逐渐改善皮肤的健康状况。

## 护肤日记自测题

试着回答本章中提出的有关皮肤的所有问题，并把答案记录下来。你可能由此发现皮肤的某些区域油腻，而有些区域干燥。

每个人面临的皮肤问题各不相同，其中一些问题尤其更突出，但我们的目标都是努力保持皮肤健康。

第 5 课

# 痤疮的处理方法

痤疮是一个困扰很多人的皮肤问题，所以我决定用一整章的篇幅来讨论这个问题，也便于你在需要时查看。

　　正如我在本书开头提到的那样，痤疮会引发严重的问题，甚至会影响你的自信。我的目标是帮你对抗痤疮，同时澄清一些误解，例如痤疮的发生是因为皮肤不够清洁，慢性痤疮患者的皮肤状况要比没有痤疮的人差。这些误解增加了痤疮问题对人们的负面影响，导致皮肤状况变得更加糟糕。

　　许多人认为痤疮只发生在青少年时期，酸痛、肿胀、红色斑点、顶端呈白色或节状肿块都是痤疮的症状。这话只说对了一部分，事实上，从微小的皮肤肿块、黑头到红色囊肿，都算痤疮。

　　痤疮和皮肤上偶发的痘痘之间有什么区别？两者没有本质上的区别，但痤疮一般为慢性的，并且对多种治疗形式都无反应。随着感染向皮肤深处扩散，皮肤上偶发的痘痘和慢性痤疮之间的区别就显现出来了。

　　请注意，并非所有的痘痘都受到了细菌感染。痘痘只有发红，才表明其受到了细菌感染，比如痤疮丙酸杆菌。

任何形式的痤疮都是由毛孔中的死皮细胞堆积引起的，而死皮细胞的堆积主要源于 4 个潜在因素：激素水平过高，过度角质化（皮肤无法自行脱落），皮脂的过量分泌，以及细菌。

随着皮肤细胞向上移动到表皮层，它们会变成熟，这就是所谓的角质化。表皮细胞脱落下来的过程叫作脱皮。但如果这种自然去角质的过程进展不顺畅（25 岁以后速度开始减慢），死亡的皮肤细胞可能就会与皮脂、一些化妆品成分一起堵住毛孔，形成痤疮。

激素（比如雄激素）水平在整个月经周期内会不断波动，这种现象很正常。

雄激素影响人体皮脂腺的皮脂分泌量。如果雄激素（如睾丸激素）水平上升，皮脂腺可能就会分泌更多的皮脂，而大量的皮脂残留物将会与死皮细胞一起堵塞毛孔。

还有其他因素可能会导致皮肤产生过多的皮脂。例如，过度去角质会刺激皮肤产生过多的皮脂。

细菌通常不是引起痤疮的原因，而是毛孔堵塞的原因，不过痤疮丙酸杆菌会加剧痤疮，因为它们会进入毛孔并引发炎症。虽然痤疮与个人的皮肤卫生几乎没有关系，但这并不意味着你不用好好洗脸。

痤疮丙酸杆菌天然存在于人体的皮肤上，它不同于在大气中四处飘浮的古老细菌。但如果你非要去挤脸上的痤疮，你就会面临自然界的古老细菌进入皮肤的风险。

黑头是堵住毛孔的塞子，它们是如何演变成痤疮的呢？一旦它们被细菌感染，就会发炎、红肿，并充满脓液。

痤疮还会影响毛孔壁上细胞的健康状态。在区分不同等级的痤疮时，毛孔壁的健康状况是一个非常重要的指标。

被破坏的毛孔壁将使感染越来越深，导致脓肿，这是痤疮恶化的一个原因。当你去挤痤疮时，可能会损伤毛孔壁，并将细菌推入皮肤深处。因此，挤痘痘虽然可以取得立竿见影的效果，但从长远来看，这样做只会使情况变得更糟。

## 痤疮的快速治愈和补救方法

- 不要化妆，尤其不要化浓妆。使用遮瑕效果好的粉底液似乎可以立即掩盖你的痤疮问题，但结果可能会适得其反。粉底液不仅会将皮脂和死亡的皮肤细胞堵在毛孔中，还会使痤疮问题恶化。你只有让你的皮肤清爽透气，才能阻止痤疮越来越严重。

- 用富含水杨酸的洗面奶洗脸。水杨酸是一种 $\beta$-羟基酸，可以轻柔地去除可能堵塞毛孔从而引起痤疮的死皮细胞。它还可以舒缓皮肤，减轻痤疮的红肿和发炎症状。
- 谨慎使用会向皮肤传播细菌的物品，比如手机和化妆刷。你可以用抗菌皂或洗面奶洗手，再用手指涂抹化妆品。我们不能不用手机，但你在使用前可以用抗菌湿巾擦拭手机。
- 不要挤压痘痘，尤其是那些没有彻底成形的痘痘。挤压会留下痘印，引发感染，传播细菌，导致长出更多的痘痘。从长远看，挤压痘痘可能会留下永久性的疤痕和半永久性的色素沉着痕迹。如果因为痤疮化脓必须要处理，请事先做好清洁，将其视为伤口小心处理。
- 如果你脸上长了一个充满脓液的大痤疮，你实在无法忍受它的存在，非要挤破它不可，那你一定要适度挤压，不要挤出血来，事先还要用抗菌皂清洗手和皮肤。
- 用含有水杨酸、乳酸和肽的祛痘乳液处理痤疮。这种处理方式可能会在痤疮周围留下麦片状的斑痕，如果你能忍受这一点，不妨尝试一下。
- 一定要每天涂抹防晒霜，这没有什么可商量的。如果你不涂防晒霜，阳光就会让痤疮在你的脸上留下永久性斑痕。这些痕迹其实就是色素沉着，而色素沉着往往是因为没有做好防晒护理造成的。

> • 如果痤疮结节或有明显的痛感，你可以用一张干净的纸巾
> 或一块布包裹冰块数一会儿，这样做可以减轻炎症。
> • 初乳啫喱有助于治愈痤疮、祛除疤痕。

## 痤疮丙酸杆菌和皮脂

　　理解痤疮丙酸杆菌和皮脂的作用原理，对于我们消除痤疮大有帮助。

　　痤疮丙酸杆菌位于皮肤的表层，它的作用是与油脂结合形成酸性保护膜（皮肤天然的保护层）。但现实情况是，出于种种原因（如饮食或激素水平变化），皮肤细胞无法定期脱落。皮脂腺分泌的皮脂本应向上移动至皮肤表层，却被堵在了皮肤内部，而且越积越多。

　　痤疮丙酸杆菌致力于与皮脂共同形成酸性保护膜，它们会不请自来地潜入皮肤寻找皮脂。而人体将痤疮丙酸杆菌视为侵入物，激烈地进行对抗从而引起炎症，这就是痤疮周围的皮肤发红的原因。

　　如果皮肤顺利代谢或者抗菌产品抑制了痤疮，几天后痤疮就会缓解。但问题是：这是可靠的解决方案吗？答案是否定的。

　　原因在于，相同的情况可能会反复出现，直到我们彻底解决了皮脂（和死皮细胞）不能正常代谢的问题。这个问题与激素水平有关吗？与饮食有关吗？还是存在其他原因？

### 一级：轻度痤疮

　　一级痤疮也可以叫作扁平痤疮或非炎性痤疮，通常没有红肿症状和脓包，由皮肤出油过多引发。

- 这种类型的痤疮不算严重，通常不需要特别处理。不过，要注意观察痤疮是否有严重的迹象。
- 一级痤疮通常出现在T形区。

### 二级：中度痤疮

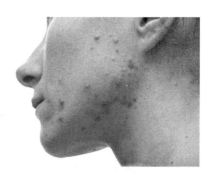

- 中度痤疮会导致皮肤出现瑕疵，还伴有发炎症状。你可能会看到丘疹，它们小而无头，有时也会看到很

大的脓疱，有黄色或白色的头，由白细胞、皮脂与皮肤碎屑混合而成。

- 二级痤疮通常出现在 T 形区以及脸颊、下巴上。

## 三级：重度痤疮

- 丘疹和脓疱大量出现，发炎症状更加明显，分布区域更大，更红肿也更疼。
- 痤疮可能会连成一片，大片皮肤区域被细菌感染，毛孔堵塞和结疤可能会损害皮肤的结构。
- 感染已扩散至皮肤深处，患者需要得到医生的专业帮助。

## 四级：囊肿性痤疮

- 这种类型的痤疮是非常严重的痤疮。它们深入皮肤，直径通常超过 5 毫米。
- 质地光滑且柔软。皮肤上可能会有结节，这些结节是实心的肿块，有酸痛感，不含脓液。
- 它们会持续存在很长时间。即使消失了，它们也可能会复发，其他时间则处于休眠状态。患者需要得到医生的专业建议。

## 激素痤疮

激素痤疮通常会在女性月经周期的不同阶段恶化。激素痤疮更有可能发生在脸的下半部分，即脸颊的下方，分布在下巴和嘴巴周围。

患有子宫或卵巢疾病（例如多囊卵巢和子宫内膜异位症）的女性通常会面临激素痤疮的持续爆发，尤其是在病症恶化的时候。

如果男性的激素水平失调，也可能会出现激素痤疮问题。合成代谢类固醇是一种合成的睾酮，男性通常用它来辅助增肌，但它也可能引起痤疮。

治疗激素痤疮的方法与治疗其他痤疮的方法相同。无论治疗的初衷是什么，它们都会受到相同激素（如睾酮和孕酮）的影响，只是影响程度不同。

当人体的激素水平大幅波动时，更有可能爆发痤疮问题。正因为如此，平常很少长痘痘的女性在孕期或更年期会突然出现大量痤疮。

人在面对压力时，很容易长痘痘，这也和激素水平失调有关。所以，我们一定要尽力给自己减压，有意识地预防痤疮出现。

## 背部痤疮

我们背部的皮脂腺会产生大量的皮脂，当我们穿上衣服以后，背部不容易透气，于是皮脂堵住了毛孔，引发了背部痤疮。

有的人脸上不长痤疮而背上却长痤疮，就是因为没有做好预防，或者由于种种因素引发了背部痤疮。通常，洗面奶都含有抗菌成分，因此洗脸可以抑制细菌的滋生。而在大部分沐浴露中并不含有抗菌成分。从现在开始，不要再用这样的沐浴露了，它们算不上合格的皮肤清洁产品。汗液会积聚在背部，衣服上会积聚细菌，某些洗衣粉或织物柔顺剂也会刺激皮肤，面对这些情况，我们必须在运动后抓紧洗澡、换衣服，不要让汗液持续刺激皮肤并引发背部痤疮。

臀部痤疮也是一样，透气性差的内裤容易引发痤疮，所以我们最好选择穿棉质内裤。

身体大量出汗后，请尽快用抗菌沐浴液洗澡。你也可以用洁面手套代替沐浴球，并在淋浴时用清洁脸部的方式清洁背部。

人们往往会忽视洗发水和护发素对皮肤的影响，虽然我不是护发专家，但我建议你一定要彻底冲洗皮肤上的所有洗护用品。如果你觉得洗发水或护发素影响了你的皮肤健康，就要立即停止使用。你也不要使用含硫酸盐的洗护产品，因为硫酸盐会残留在皮肤中并加剧你的皮肤问题。

## 成人痤疮

青少年在发育期容易长痘痘，这并不让人意外，但成人痤疮则让人难以接受。很多人认为成年人长痤疮是因为糖分摄入过多，或者个人卫生没搞好，但实际情况并非如此。成人痤疮表明皮肤出现了系统性的问题和病症，因为十几岁以后，大多数人的激素水平都会稳定下来，不会总是长痘痘。

成人痤疮主要有两种类型：持续性痤疮和原发性痤疮。

应对成人痤疮时，需要注意以下几个因素：

• 激素水平。根据我的实践经验，将痤疮与激素痤疮分开对待似乎是一种错误，我的大多数客户都倾向于将痤疮的爆发与激素水平的变化联系起来。任何程度的激素水平失调都可能导致痤疮爆发，因此女性在孕期、节育期或更年期皮肤更可能出现丘疹、脓肿和发炎等问题，而患有多囊卵巢综合征的女性似乎更容易出现皮肤充血的现象。如果你认为自己的痤疮是激素水平失调引起的，请与你的全科医生联系，他们会开出对你有益的处方。

• 遗传易感性。如果你的家庭成员都很容易长痤疮，那么你也很有可能成为痤疮患者。虽然遗传因素和痤疮之间的关

系尚待明确，但可以肯定的是，成人痤疮与遗传基因肯定
存在相关性。作为父母，在孩子们进入青春期后，要时刻
关注他们是否有痤疮发生。

- 压力。我认为压力是引起成人痤疮的主要原因。你的身体
会通过提高雄激素水平来应对压力，而雄激素又会刺激皮
脂腺产生更多的皮脂，从而在皮肤上形成更多的黑头、丘
疹和脓疱。但我们会仅仅因为压力就辞职、拒绝还房贷、
过上不用承担任何责任的生活吗？我觉得肯定不会。

- 护肤产品。选择昂贵或便宜的产品都可以，重要的是它们
不会引起痤疮。也就是说，你选择的化妆品和护肤品一定
不能堵塞毛孔。如果你使用的产品不含抗菌成分，那么它
们可能对于你的皮肤健康没有太大帮助。

- 食物不耐受。我有一个客户尝试了多种治疗痤疮的方法，
也做了激素和血液检查，在饮食方面也很自律，午餐总是
吃同样的食物：黄瓜、黑面包和鸡肉。很多人往往不太相
信食物耐受性检测，但这个人已经别无选择了。食物耐受
性检测结果显示，他对鸡肉、黄瓜和黑面包的某些成分不
耐受。在他停止摄入这些食物两周后，他的痤疮等级从四
级（囊肿性痤疮）降至二至三级（丘疹和脓疱）。所以，一
定要关注食物耐受性这个因素，才能对症治疗痤疮。

- 糖。从理论上讲，人们仍然未就糖的问题达成共识。糖会提高胰岛素水平，触发雄激素的过多分泌，从而增加油脂的分泌量。但是，也有不少皮肤科医生认为糖对痤疮没有影响。

## 对印度传统医学的借鉴

我喜欢用印度传统医学阿育吠陀中的观点来解释痤疮问题。你要知道，传统的美容理念和形式为我们今天的美容护肤行业奠定了基础。

阿育吠陀是一种来自印度的传统医学形式，关注思想、身体和灵魂之间的平衡。阿育吠陀将人分成三类：瓦塔、皮塔和卡法。瓦塔富有创造力，精力充沛，但容易躁动，多为干性皮肤。皮塔逻辑清楚，雄心勃勃，但容易发怒，多为敏感性皮肤。卡法博爱宽容，但容易焦虑不安，多为油性皮肤。

阿育吠陀式脸部分区法将人的面部区域与不同的身体部位及系统关联在一起，有助于我们了解身体是如何影响皮肤的，从而加深你对皮肤问题的全面了解，而不只是把人体皮肤作为一个孤立的器官来看待。

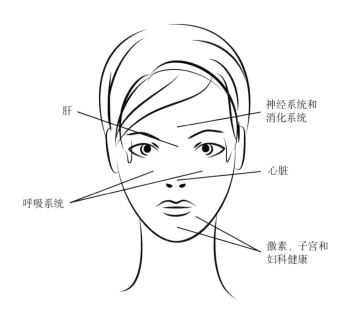

肝　　　　　　　　　　　　　神经系统和
　　　　　　　　　　　　　　消化系统

　　　　　　　　　　　　　　心脏

呼吸系统

激素、子宫和
妇科健康

## 前额

　　在阿育吠陀式脸部分区中，人的前额连接着神经系统和消化系统，并与瓦塔相关。如果额头上出现了痤疮，可能意味着肠道菌群不平衡、肠蠕动不够、血液循环不佳或生活压力大。

## 眉间

　　在阿育吠陀式脸部分区中，眉间区域与肝脏相连，如果眉间出现痤疮，可能意味着肝脏有问题，你或许应该减少酒精摄入量。

## 鼻子

在阿育吠陀式脸部分区中，鼻子与心脏相连。如果鼻子上出现了痤疮，可能意味着血液循环或血压有问题。

## 脸颊

脸颊与呼吸系统相连，那些呼吸不畅或肺部不适的人脸颊上可能会出现痤疮等皮肤问题。你的脸颊上有痤疮吗？你是不是经常吸烟？

## 下巴

下巴与激素、妇科健康、肠道中细菌的过度生长有关。如果你的激素水平失调，可能会出现毛孔堵塞和痤疮。

我们可以仅仅依据阿育吠陀式脸部分区来护理皮肤吗？当然不可以。难道仅凭你脸颊上的丘疹或痤疮就判断你的呼吸系统出了问题？这显然是不行的。

但我确实认为对皮肤进行多角度分析是有帮助的。如果你无法找到自己皮肤问题的原因，你或许可以尝试一下印度的传统疗法。

## 治疗痤疮

治疗痤疮需要多管齐下，综合使用多种方法减轻发炎、发红的症状，清洁毛孔，控制皮脂分泌，滋润皮肤，预防和减轻色素沉着。

痤疮的治疗确实是个难题，因为它取决于每个人的皮肤情况。针对轻度痤疮，例如黑头粉刺和无痛白头粉刺，你可以使用含水杨酸、天然防腐剂和消炎成分的护肤品，也可以服用含 DIM 的植物营养素，达到由内而外消灭痤疮的目的。专业的美容师可以处理一级和二级痤疮。

三级和四级痤疮则需要由全科医生或皮肤科医生来治疗。局部皮肤护理能解决很多痤疮问题，如果你饱受痤疮之苦（无论是身体上的还是心理上的），就不要轻易拒绝治疗。你的全科医生可能会为你开具抗生素，或口服或外用，或内外兼用。

痤疮问题的另一种解决方法是使用过氧化苯甲酰，它在缓解结节性或囊肿性痤疮方面比水杨酸更有效。对许多痤疮患者来说，如果抗生素没有帮助，就要使用激素疗法了，其中最常见的是口服避孕药，这种方法被证明对调节皮脂和治疗痤疮有一定效果。但无论如何，当你决定使用药物疗法时，务必慎重且遵从医嘱。

最后一种解决方案是使用异维 A 酸，但用药时请务必谨慎且遵从医嘱。这种药物可能会导致皮肤干燥、发红和瘙痒，从而使你的皮肤状况朝另一个方向发展。

有些人使用异维 A 酸后会产生较大的副作用，你也需要注意这一点。不到万不得已我们一般不会使用这种药物治疗痤疮。

我认为，皮肤容易发炎、充血的人应该使用欧米茄补充剂，因为欧米茄有助于皮肤脂质层的形成，确保皮肤可以锁住水分。脱水会导致皮肤分泌更多油脂作为补偿，随后你将面临一系列皮肤问题。

就局部治疗而言，水杨酸是比较理想的选择，它可以加速皮肤自身的更新过程，并清理被皮脂和死皮细胞堵塞的毛孔。

在我看来，油脂分泌过多的人并不适合使用乙醇酸。乙醇酸会将所有东西都吸走，包括油脂，而这会刺激皮肤分泌更多的油脂。

通常来说，使用含水杨酸的洗护用品就足够了。透明质酸是给易充血皮肤补水的一种好方法，因为它是亲水性的，而不是脂质的。

预防炎症后色素沉着（痘印）需要局部使用含维生素 A 和美白成分的护肤品。例如，含甘草根提取物和维生素 C 等成分的美白精华液可以抑制酪氨酸酶，并阻止色素沉着。

对已形成的色素沉着，使用含曲酸和其他增白剂成分的产品可能会有一定效果。此外，定期使用含水杨酸、乳酸或乙醇酸的护肤品也是有益的。但正如我在前文中强调的那样，切记不能过度使用。

显然，如果你脸上长了痤疮，肯定希望能尽快消除或治愈。你可以使用初乳啫喱，因为这种护肤品含有能提升皮肤细胞愈合速度、改善皮肤健康状态的生长因子，有助于皮肤的自我修复和痤疮的愈合，并尽量减少痤疮对皮肤造成的伤害。

简而言之，在长期预防和对抗痤疮的过程中，我们可以考虑使用下列营养素或产品：

- 水杨酸：可以溶解油脂，淡化痘印。
- 维生素A：可以调控油脂分泌量和皮肤脱落频率，减少痘印发生率，提升皮肤免疫力。
- 透明质酸：可补水和促进水合作用。
- 初乳啫喱：可以增强、舒缓和镇静皮肤。
- 含DIM的植物营养素补充剂。
- 口服避孕药：需要医生开具处方，而且不能完全解决问题。
- 过氧化苯甲酰：需要医生开具处方。
- 异维A酸：需要医生开具处方，而且不到万不得已不要使用。
- 防晒霜：可以防止痘印形成。

与此同时，你也不要忘记，内部调整才是关键，应通过以内养外的方式来解决痤疮问题。

**护肤日记自测题**

如果你有痤疮问题，你能确定痤疮的等级吗？

你目前用了哪些方法来应对痤疮问题？

# 关于痤疮的常见问题

**为什么黑头是黑色的？**

这是因为被堵塞的毛孔暴露在空气中，氧化后就变成了黑色。

**白头粉刺和黑头粉刺有什么区别？**

白头粉刺是粉刺的一种，是在黑头粉刺的基础上发展而来的。

**囊肿性痤疮和普通痤疮有什么区别？**

囊肿性痤疮是痤疮中的"巨无霸"，是毛孔壁被破坏后感染细菌、发炎导致的，周围的皮肤也会泛红、发炎。

**绝对不可以挤压痘痘吗？**

挤压痘痘会使细菌在皮肤表面和下面扩散，导致毛孔壁破损、发炎，以及色素沉着。如果痤疮成熟（出现白色或黄色的软头），请用清洁后的手指从痘痘的下部轻轻向上推动，挤出脓液，但不要挤出血（一旦出血，皮肤就会受损）。此外，使用抗菌防腐药可以辅助治疗。

**皮脂腺丝是痤疮吗？**

你的鼻子周围、眉间或下巴上是否有很多灰色或淡黄色的小点？你可能会把它们误认作被堵塞的毛孔或黑头，但其实它们很有可能是皮脂腺丝。

皮脂腺丝只是聚集了少量死皮细胞和皮脂的毛孔。如果挤压它们，你会挤出少量灰色或淡黄色的丝状物质。建议你不要挤压它们，因为它们的作用是将皮脂导到皮肤表面。即使你挤压它们，它们也会再次出现。如果你想减少皮脂腺丝，那你可以定期去角质（再次提醒，请使用酸，而非磨砂膏），以及认真地清洁皮肤。维生素 A 也有助于减少皮脂腺丝。

# 痘印

囊肿性痤疮和结节性痤疮是最容易产生痘印的痤疮类型，这是因为痤疮损坏了位于其下方的皮肤组织，而人体则想方设法修复这种损伤。在修复过程中，人体会产生胶原蛋白，但如果胶原蛋白的类型或数量出错，就会造成痘印（胶原蛋白过少会导致皮肤凹陷，胶原蛋白过多则会导致皮肤隆起）。

痘印往往出现在这一波痤疮尚未完全治愈但下一波痤疮又开始爆发的区域。如果三级或四级痤疮没有得到及时的干预和治疗，就很有可能留下痘印。因此，面对痤疮问题，我们的解决方案不应该是用化妆品遮盖它，尽管这种操作更容易。

挤压痘痘、挑破粉刺等做法都有可能在皮肤上留下痘印。对于不太明显的柔软的白头粉刺，建议你不要去触碰、挤压它们，否则会给皮肤造成不可逆的伤害。

我们如何做才能更好地避免或弱化痘印？

- 及时治疗现在的粉刺，防止将来留下痘印。
- 不要挤压痘痘、挑破粉刺或做其他任何可能损伤皮肤组织的事情。
- 根据我的经验，如果你已经有痘印，微针治疗可能会有所帮助，特别是在局部使用维生素 A 12 周后，痘印的质地和颜色会弱化。
- 激光换肤可以触发表皮层的皮肤细胞脱落并产生新的皮肤细胞。这对消除痘印是有效果的，具体取决于痘印的凹陷或隆起程度。

# 你想挤出那颗痘痘吗？

先别着急。

不要挤痘痘，哪怕是鼻子边缘的小白点，也不要用针挑破，否则可能会造成毛细血管破裂。挤痘痘的行为可能会引发炎症，形成色素沉着或痘印。

如果你真的无法忍受脸上的痘痘，而且它们已经成熟了，那么下面的方法可用作权宜之计（不算安全，但相对保险）。

1. 记住你要处理的是发炎的部位。
2. 用抗菌皂和不含酒精的洗手液彻底清洁双手。
3. 用纸巾包住手指或者戴上手套，以便保持皮肤的清洁。
4. 用食指边缘而非指尖挤痘痘。
5. 痘痘就像一座火山，你在皮肤表面看到的白头只是一小部分，在你看不到的皮下区域，细菌感染的范围更大。因此在用两根手指挤压痘痘时，一定要留出足够的空间，确保把皮下的"细菌库"也挤出来。
6. 将两根手指分别放在痘痘的环状区域外，用力向下和向外挤压，尽可能使皮下的细菌向上喷出。
7. 挤出细菌后，要适可而止，不能过度挤压或挤出血，否则就很容易留下痘印。

8. 在创面处涂抹一层抗菌乳液或者疤痕修复乳液。

9. 挤完痘痘不要马上使用化妆品，伤口愈合之后方可使用。

10. 如果你总是被痘痘问题困扰，请找专业人士为你提供专业的祛痘方案。

11. 如果你一定要挤痘痘，最好在晚上睡觉前进行，这样皮肤就会有充裕的时间进行自我修复。而且，白天你可能要使用防晒霜或其他可能含化学成分的化妆品，这些都不利于痘痘的修复。

12. 内服含锌的营养素补充剂有助于控制炎症，内服维生素C有助于预防创面发红的状况。

对某些人来说，改变生活方式和护肤方式就可以有效缓解痤疮问题。但对于其他人，即使他们使出浑身解数也很难找到解决方案，包括使用罗可坦。迄今为止，我们尚未百分之百地了解痤疮，不过科学家已经在研发相关疫苗了。

虽然我的目标是帮你护理皮肤，但给痤疮问题去污名化也很有必要。长了痘痘，不一定是因为皮肤不干净，也不一定是因为甜食吃得太多。为什么我们会为脸上的痘痘感到羞愧？这种疾病与其他疾病没有什么不同，相信你不会取笑患有慢性偏头痛的人，对吧？皮肤问题是所有人都有可能面临的问题，知名演员和模特也不例外。

第 6 课

# 日常护肤的秘诀

这一章我们将深入了解日常护肤的关键步骤，以及挑选和甄别护肤品的方法。

如前文所述，我认为护肤的前提是关注皮肤和身体的健康状况。

在此基础上，护肤的关键步骤应该包括：

## 早晨护理

1. 双重清洁，包括预清洁和修护性清洁（每天早晨，皮肤尚不活跃，可以使用温和的酸性洁面乳）。
2. 使用含维生素A、维生素C、维生素E、抗氧化剂和肽的精华液。
3. 涂抹防晒霜。

## 晚间护理

1. 双重清洁，包括预清洁和修护性清洁（活性和非活性清洁产品交替使用）。

2.涂抹含透明质酸且有美白效果的精华液。

3.可以根据你的个人喜好使用保湿霜，但这不是必需的步骤。理想情况下，你的皮肤会自己产生水分，并通过摄入滋养成分，逐渐改善其保湿功能。

## 活性和非活性清洁产品

除了清洁皮肤的功能外，非活性产品还具有舒缓、镇静皮肤的作用。此外，非活性清洁产品不含酶或酸等成分。活性清洁产品不仅能清洁皮肤，还能平复细纹、皱纹，解决表皮剥脱等问题。活性清洁产品含乳酸、甘油、果酸或水杨酸等成分，会引起皮肤的物理和酶促反应。

以上介绍了日常护肤的关键步骤，你的护肤步骤或许更多，但要确保包含这些必要的步骤。

不要毫无目的地使用任何护肤产品，不要仅仅因为某种护肤品的气味好闻就去使用它，也不要过多摄入某种特定的营养成分，所有护肤品都应该适量使用。

接下来，我们来仔细探讨一下每个关键的护肤步骤。

## 清洁

清洁的步骤至关重要，这一点不容置疑。经过一天的忙碌，晚上清洁皮肤可以清除积聚在皮肤上的油脂、碎屑和污染物。而早晨清洁皮肤可以清除灰尘颗粒和油脂，疏通堵塞的毛孔。如果不做好清洁，护肤品将无法均匀地渗入皮肤。不化妆的人可能会觉得没必要洗脸，但除非你生活在僻静的洞穴中，否则就一定要认真洗脸。

双重清洁的概念十分重要，很多美容师和皮肤治疗师多年来都在践行这种理念。主流女性杂志认为双重清洗是护肤的趋势，也是保持皮肤健康的理想做法。简而言之，它指的是你可以在同一护肤程序中洗两次脸。

### 预清洁（卸妆）

通常情况下，做好预清洁要使用油性产品。这类护肤产品稠度适中，可以较为彻底地清除油污。拥有油性皮肤的人可能会觉得油性清洁产品不适合他们，担心更多的油会加剧他们的皮肤问题。如果无法彻底清除油污，这样的担心是有道理的，但你应该记住，油会分解油。所以，油性皮肤其实更需要油性清洁产品！化妆后，皮肤上或多或少会有化妆品的油性残留物，你需要用油将其溶解，所以卸妆的步骤必不可少。

如果你选择使用微纤维工具来做预清洁，请先将其浸湿并拧干，然后以画圆的方式向外、向下轻轻擦拭整个脸部，之后使用洁面乳完成双重清洁。

如果你使用的是专用的卸妆膏、油或乳液，请充分按摩至皮肤完全吸收。具体的用量可能因人而异，但使用过后脸部应该很光滑。

## 修护洁面乳

清洁的第二步是使用修护洁面乳，它可缓解特定皮肤类型的问题，比如老化、色素沉着、发红、油腻和充血等。

我每天早晨都使用益生菌洁面产品，它不仅能够洁面，还有益于皮肤的菌群平衡。我在周一、周三和周五晚上会使用酸基去角质洁面产品，周二和周四晚上使用益生菌洁面产品，而周末的早晚都使用益生菌洁面产品。这是活性和非活性洁面产品如何搭配使用的一个很好的例子。每隔两三晚使用一次活性去角质洁面产品，每天早晨和晚上交替使用非活性益生菌洁面产品。总体的原则是，要有意识地使用活性和非活性洁面产品，不仅要清洁皮肤，还要养护皮肤。

去角质洁面产品使去角质成为洁面的一个步骤。有了这种洁面产品，人们不再需要专门去角质，也不需要使用传统的卸妆水，就能使精华液均匀地渗透到皮肤中。人体皮肤每28天就会更新一次，但从25岁起，皮肤的代谢速度会减慢，而酸性洁面产品可以促进皮肤代谢的发生，但切忌过度使用这类产品。

我将在后面的章节中详细介绍去角质产品，现在请大家先了解以下内容：

- 含乙醇酸的洁面产品具有去角质的功效，可以帮助皮肤完成细胞更新的过程。
- 含乳酸和多羟基酸的洁面产品，可以起到温和、有效去角质的作用。
- 水杨酸为油溶性物质，主要适用于易出油、长斑、长粉刺的皮肤。

提示：可以先使用非活性清洁产品作为眼部卸妆液彻底清洁眼妆，之后再做日常清洁。

碰到忙碌的日子（比如压力过大时），我会改用活性不强的洁面乳，因为长期使用活性清洁产品，你的脸部就可能会变成敏感性肌肤。我的建议是，如果你的生活节奏快、压力大，可以先每两晚使用一次活性清洁产品，然后每三晚使用一次，之后每四晚使用一次，直到皮肤变得洁净、油脂分泌正常、不再水肿。

你最好在晚上使用酸性洗面奶，虽然我们不见得白天都会使用防晒霜，但使用了酸性洁面产品后就一定要注意防晒。

除了成分和你关注的要素之外，在选择洁面产品时，你还应该着重考虑它们是否适合你的皮肤类型及使用感受。在大多数情况下，你可以依据以下几点选择洁面产品：

- 泡沫洁面乳的清洁效果强，但容易让皮肤变得干燥。虽然很多人已不再需要泡沫洁面乳，但出于习惯还是会一直使用。这大概是因为他们在青少年时期就一直使用泡沫洁面乳，并且喜欢清洗后皮肤紧致的感觉。但事实上，你应当基于当下的皮肤状态选择洁面产品。

- 油性皮肤的人常被告知更适合用泡沫洁面乳。泡沫洁面乳产生的泡沫可以清除皮肤上的油脂，适用于中性皮肤或油性皮肤，而干性皮肤的人应避免使用。

- 保湿洁面膏或洁面乳适用于干燥、脱水的皮肤，它们通常不含去角质成分，还有保湿功能。而对于油性皮肤，这类洁面产品并不适用。

- 有一些洁面产品要慎用，甚至不要用，比如洁肤湿巾、卸妆水和泡沫过于丰富的洁面产品。

## 洁肤湿巾

虽然湿巾用起来方便，价格也便宜，但它们不能彻底清洁皮肤，还很容易造成皮肤脱水，甚至会刺激皮肤。我曾连续14天使用洁肤湿巾，结果皮肤状况变得极其糟糕，我的痤疮也恶化了两个等级。因此，我建议大家千万不要使用洁肤湿巾。

## 卸妆水

来自正宗护肤品牌且关爱皮肤健康的卸妆水通常不含去除皮肤油脂的香精和防腐剂，也不会导致皮肤脱水或使皮肤产生光敏反应。

然而，有一些品牌在卸妆水中添加了酒精、香料和刺激性防腐剂等成分，以达到延长保质期的目的。

卸妆水的问题和洁肤湿巾一样。如果先用卸妆水进行预清洁，再洁面，那效果还是不错的。但大多数人并未把使用卸妆水当作预清洁步骤，而是将其视为正式的清洁步骤。就像洁肤湿巾一样，使用卸妆水虽然可以清洁皮肤，但也在皮肤上留下了残留物（一层油性膜），这意味着之后使用的任何护肤产品可能都无法渗入皮肤。所以，你需要进行双重清洁，第一次清除至少90%的化妆品及皮肤表面积聚的油脂和污垢，第二次清除所有残留物，包括死皮细胞。之后根据需要修复皮肤，可以使用含氨基酸、益生菌或维生素的护肤品。

## 泡沫过于丰富的洁面产品

我对泡沫过多的洁面产品心存警惕，因为泡沫本身对清洁皮肤而言并不必要，而且会让皮肤变得干燥。这类产品之所以能起泡沫，关键原因在于它们含有表面活性剂——月桂基硫酸钠。该成分对敏感性皮肤具有刺激性，会损坏皮肤屏障，致使皮肤脱水并处于缺水状态。如果你在洁面产品的成分列表中看到月桂基硫酸钠，请不要使用它们。

## 无清洁作用或者根本不起作用的洁面产品

有些廉价的洁面乳含有茶树油、维生素E或其他便宜的营养素，并且会在产品成分表上列出这些"珍贵"的成分，伪装成亲肤、富含维生素和不含酒精的样子。我知道有些人只想把脸洗干净，但如果你可以使用保湿洁面乳达到保湿的功效，或者用美白洁面乳实现美白的目的，这样一举两得的事情，又何乐而不为呢？

你可以在咨询皮肤理疗师后选择适合你的活性洁面产品，也可以在药房中或网站上选购活性洁面产品或药妆产品。与此同时，注意检查洁面产品中活性成分的含量，例如维生素C或水杨酸。含量越高，代表产品中的这种活性成分越多。如果某个品牌宣称他们的洁面产品能够软化皮肤，并能平衡肤色，你就要格外小心了。检查该产品的具体成分，看它是否名副其实，即说明书描述的产品功效能否真的实现。

## 如何清洁

彻底清洁面部的理想时间是60秒。我会将双手打湿，把一枚硬币大小的洁肤产品泵入手心，然后从颈部向上按摩，再从鼻子开始向四周按摩。

　　对许多人来说，60秒是一个艰难而漫长的过程，但将其视为平复内心和彻底清洁面部的"自处时间"很有帮助。平静地呼吸，集中精神冥想，让身心恢复平静。

　　有些人会犯清洁过度的错误，清除了皮肤上的所有天然油脂，而有些人则清洁不彻底，没能把洁面产品冲洗干净。你可以使用专用手套、洗脸巾辅助洁面产品，建议使用温水，但温度不宜太高。提醒一下，用过热的毛巾擦拭面部会导致毛细血管破裂，并令皮肤更加干燥。

## 为什么晚上卸妆很重要？

　　使用化妆品的目的是美化容颜，因此包装、质地、实用性和效果是化妆品关注的重点，而护肤成分并非化妆品配方考虑的关键因素。因此，每当我新尝试一种彩妆产品时，脸上常常会出现突发性的皮肤问题，或者脸部周围出现毛孔堵塞现象。

　　化妆品不能长时间停留在皮肤上，这些可以调色和上色的产品含有的脂肪、油脂和其他成分必须及时清理掉，才不会影响皮肤状态。残留物和油脂常会堵塞毛孔，清除它们非常有必要。我会用白毛巾检查我的彩妆卸得是否彻底，如果使用灰色、海蓝色或其他颜色的毛巾，就看不到化妆品的残留物了，你也容易自欺欺人。只有彻底清除化妆品的残留物，后续的护肤步骤才能真正起作用，护肤品中的营养素才会被皮肤吸收。

　　为了证明不卸妆对皮肤的害处，我连续19天晚上不卸妆睡觉，结果我发现自己的皮肤出问题的频率更高了。毛孔堵塞是一个显而易见的问题，它让我的皮肤变得极为敏感。我不建议大家做像我这样的实验，直接采纳我的建议即可。

## 爽肤水

　　我不提倡使用爽肤水，因为我觉得这类产品并不能让皮肤变得"清爽"。许多爽肤水都含有酒精，这会对皮肤产生负面影响。当然，并非所有酒精都对皮肤有害，下面是你应该避免使用的酒精，而它们通常会出现在爽肤水的成分列表中：

- 变性酒精；
- 异丙醇；
- 工业酒精；
- 甲醇；
- 苯甲醇。

爽肤水中通常会包含这些醇类，所以它们能很快在皮肤上风干，导致皮肤干燥。如果长期使用爽肤水，这些酒精就会逐渐破坏皮肤的天然保护层，皮肤将失去保持水分的能力，护肤成分进入皮肤也变得很困难，皮肤最终会变得越来越敏感。

短期来看，爽肤水会夺走皮肤的天然油脂，而天然油脂是皮肤保持健康的关键因素。爽肤水会暂时消除皮肤的油腻感，但皮肤不会坐视不理，而是会产生更多的油脂，变得更油腻。

修护爽肤水是一种含有酸的活性产品，可以一用。但如果你的洁面产品中已经含有这种成分，则没有必要使用它了。

## 精华液

做好脸部清洁之后，你就可以使用精华液了。精华液就像浓缩的保湿剂，附着在角质层的表面，锁住皮肤内的水分。

含维生素C的精华液可用于应对发红、色素沉着等皮肤问题，也有防止衰老的功效。含透明质酸的精华液可以为皮肤提供水分。含抗

氧化剂的精华液是保持皮肤健康的理想之选。有亮白作用的精华液也是不错的选择,可以改善肤色。

还有一些精华液含有维生素A,它可以使精华液更好地渗入皮肤。

精华液是高效护肤程序中最重要的步骤之一,因此你一定要认真了解精华液的使用方法。先在前额和脸颊涂少许精华液,再用指尖轻轻地将其在你的皮肤上推开、抹匀,从脸部延伸到颈部。

你可以将多种精华液混合起来使用,如果每种精华液的黏稠度相似(如均为乳状),那么效果会更好。

如果你同时使用不止一种精华液,而且每种精华液的黏稠度不同,我建议你先用最稀的那种,后使用比较黏稠的那种,这样能使精华液吸收得更充分。

晚上睡觉前,花一两分钟让精华液渗入皮肤。到了早上,先涂精华液,5分钟后再涂防晒霜。其他护肤品可能会影响防晒霜的功效,因此我们得确保它们已经被皮肤充分吸收。

选择精华液的时候,你还要考虑成本。你可以选择多功能精华液,例如含有维生素A的产品,它兼有美白淡斑的功效,还能让皮肤水润、有弹性。

## 防晒霜

涂抹防晒霜是皮肤护理程序的最后一步，也是最关键的一步。一说到防晒霜，人们下意识就会想到十分黏稠的白色液体，涂上以后，皮肤会有明显的不透气感。各大防晒霜品牌知道我们在选购防晒霜时看重产品品质，比如，不容易脱妆，不能引起皮肤问题等，所以市面上的防晒霜大多是具有柔滑、润泽、平滑纹理效果的强效保湿霜。

防晒霜一般分为两种：物理防晒霜和化学防晒霜，你可以购买具有物理防晒效果、化学防晒效果或两者兼有的产品。

- 物理防晒霜。物理防晒霜会在皮肤表面建立一个屏蔽层，好像一面镜子将光反射回大气中。也就是说，它可以阻挡紫外线穿过皮肤。
- 化学防晒霜。化学防晒霜可以吸收阳光，将其分解并过滤。

我之所以喜欢物理防晒和化学防晒作用兼具的产品，原因是这类防晒霜可以全方位地保证防晒效果。

我们几乎做不到让每寸皮肤都得到防晒霜的保护，即360度防晒，所以总会有光线射入皮肤。对于穿透皮肤的紫外线，防晒霜中的化学成分会将它们分解并过滤掉。

　　我喜欢用质地轻盈、能保湿、有过滤成分且不影响上彩妆的防晒霜。理想情况下，我们应该每两个小时补涂一次防晒霜，但这很难做到。即使你整天坐在室内，眼睛盯着电脑屏幕，你也要记得涂防晒霜，保护皮肤免受屏幕光的伤害。许多品牌的物理防晒喷雾都是半透明状液体，可以在不弄花彩妆的情况下，达到防晒的目的。

　　你可以在超市中买到化学防晒霜，它们往往是超市自有品牌，价格便宜。你需要在出门前20分钟涂好化学防晒霜，这样它们才能充分渗透到皮肤中。

　　你应该在脸部、颈部和耳朵上都涂抹适量的防晒霜，其中脸部的用量应占一半。防晒霜一定要涂抹均匀，不要忽略每一寸皮肤，胳膊上也要涂抹。

　　当你涂抹防晒霜时，切勿将其与其他护肤品混合使用，因为这样做可能会使防晒效果打折扣。如果你要化妆，涂防晒霜就应该放在化妆前的最后一步。

　　所有暴露在外的皮肤都要涂抹防晒霜。如果你像史蒂夫·乔布斯一样喜欢穿高领衫，那么把防晒霜涂在脸部和手部就可以了。如果你的肩膀也暴露在外，同样要及时做好防晒。如果你去沙滩等可能受到阳光强烈照射的地方，就得全身涂抹防晒霜了。

防晒的目的不仅是预防皮肤癌（这是一个永远都不能忽视的问题），它还可以让你远离与日晒有关的色素沉着、日光性弹性组织变性综合征（致使皮肤出现细纹、皱纹等）和早衰。

我们应该每天涂抹防晒霜，但有人可能会说，在非艳阳高照的日子里，为何也要涂防晒霜、关注防晒系数（SPF）呢?

防晒系数不仅表明了防晒效果，也表明了遮光效果。在爱尔兰和英国等地，4~9月人们会受到中波紫外线的照射，而这种紫外线容易导致皮肤癌和晒伤。但就像地球上其他任何地方一样，我们常年受到长波紫外线的照射，无论刮风、下雨还是下雪，它们都会伴随着我们。长波紫外线可导致皮肤松弛，也是皱纹、色素沉着和许多其他光损伤问题的原因所在，而中波紫外线则有可能造成皮肤晒伤。

你可以通过防晒因子了解防晒霜对紫外线的防护程度如何，例如，防晒霜上的长波紫外线标记（UVA外面一个圆圈）表示该产品的光谱范围很广，可以充分保护你免受紫外线的伤害。另一个衡量防晒系数的系统是星级系统，5颗星的防晒霜是效果最好的。5颗星且防晒系数为50的防晒霜，具有较强的长波紫外线防护效果，而5颗星且防晒系数为15的产品对长波紫外线的防护效果则弱一些。

化学防晒霜的成分（例如氧苯甲酮和甲氧基肉桂酸辛酯）可

以吸收紫外线并将其转变为低位热源。物理防晒霜的成分（例如氧化锌和二氧化钛）可以让射向皮肤的紫外线发生偏转，因此防晒霜包含这些成分是十分必要的。

　　我的基本原则是，如果某种防晒霜的成分列表过长，且抗氧化剂的占比很高，我就不会选用这种产品。

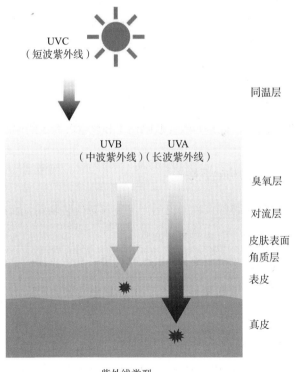

紫外线类型

理想的防晒产品应兼有物理防晒和化学防晒效果，物理防晒成分能提供即时防护，而化学防晒成分则需要在皮肤上停留20分钟后才能生效。选用这类防晒产品，你就可以获得双重保护。

## 长波紫外线和中波紫外线

到达地球的长波紫外线要比中波紫外线多，因此从数量上看，长波紫外线对人类的威胁更大。长波紫外线的波长更长，它能深入皮肤，并造成损伤。近年来，人们发现长波紫外线与多种类型的皮肤癌有关。

所有类型的阳光都含有中波紫外线，而且中波紫外线已被证实会引发皮肤癌，也是导致皮肤晒伤（和色素沉着）的原因。

## 如何判定彩妆的防晒系数？

各种彩妆品牌都宣称自己的产品能够替代防晒霜，而且防晒系数可以达到30。但事实并非如此。

上文提到，要想达到较好的防晒效果，就要涂抹适量的防晒霜（涂在脸部、颈部和耳朵上）。但你想想，谁会用这么多的粉底液呢？

如果你的粉底液有防御中波紫外线的效果，它很可能就不具备阻挡长波紫外线的效果。不过，化妆品制造商不会告诉你这一点。

　　保湿霜也一样。如果它的质地偏黏稠，你的用量也足够，它
就可以成为一种功能型防晒霜。如果保湿霜的黏稠度适中，并且
能很快渗入皮肤，它就是真正的防晒型保湿霜。

　　彩妆是除防晒霜之外的很好的皮肤保护膜，它有点儿像足球
场上的守门员。

　　理想的防晒系数是多少？如果你的粉底色号是最白色，就需
要涂抹防晒系数至少为30的防晒霜，但
最好使用防晒系数为50的防晒霜。无论
防晒系数是30还是50，都要保证充足的
用量，而且每过一段时间要补涂。

　　接下来，我们谈一谈其他护肤品。

## 其他护肤品

　　除了上述必需的护肤品外，还有一些可供大家自行选择的护肤
品和步骤，主要取决于你想解决哪些皮肤问题，以及目的是什么。

## 面霜

　　我觉得面霜并非每天必需的护肤品，这种说法可能会让你很

惊讶。我的大多数客户都会用面霜，主要是因为面霜涂在皮肤上让人感觉润滑。事实上，除非面霜里有皮肤需要的必需脂肪酸、神经酰胺，并且能被充分吸收，否则面霜就只有补水作用了。

皮肤不太出油的人、干性皮肤的人或喜欢过度去角质的人可能都喜欢用面霜，对此我能理解，因为面霜能起到滋润皮肤的作用，但它的效果仅此而已。现在，有很多防晒霜也自称兼有面霜的功效，这主要是因为人们更倾向于买保湿产品，而非防晒产品。

## 去角质产品

一方面，一些人沉迷于通过去角质将死亡的皮肤细胞剥离，享受柔软、水润的皮肤带来的满足感。另一方面，一些护肤品制造商告诉消费者，要想拥有清爽、白皙、保湿的皮肤，去角质是重要的解决方案。

然而，事实并非如此。去角质短期可能会有效，但长期却无法做到。

死亡的皮肤细胞本应自然脱落，但由于不健康的生活方式和皮肤逐年老化的原因，我们的皮肤代谢速度会逐渐变慢。慢慢地，我们需要依靠磨砂膏等护肤品去除死皮细胞，洗完澡后，我们的皮肤就像剥了皮的龙虾一样细嫩、光滑。

但如果你频繁地去角质，皮肤的天然油脂含量就会下降。如果你长了痤疮，又去角质过度，可能会导致细菌感染的加剧。这相当于用砂纸打磨痤疮的隆起和肿块部分。此外，过度去角质还会使皮肤更容易脱水、对光线敏感和油腻（因为过度去角质会导致皮肤产生过多的油脂）。由此可见，去角质并不会对皮肤起到积极作用。

## 我们应该多久去一次角质？

从 25 岁起，我们每周去角质的频率不应超过 3 次。你可以每隔一天去一次角质，其间让皮肤得到休息和缓解。

25 岁以下的人没必要去角质，因为皮肤的天然去角质速度可以满足皮肤自我更新的需要，但也要视每个人的具体皮肤状况而定。也许你需要每周去一次或两次角质，也许你仅使用活性洁面乳就够了。

对于选择哪种类型的去角质产品，我的建议是坚决不要使用微珠磨砂膏。因为这样做不仅可以拯救鱼群，还可以拯救你的皮肤。爱尔兰禁止人们使用微珠磨砂膏，鱼和鸟一旦误食了这种微珠，由于微珠无法在它们的消化系统中分解，就会给它们造成致命性伤害。

我们无须使用多么强大的方法，就能恰到好处地去除角质。

而且，切记不要使用角质磨砂膏。将你的皮肤表层想象成屋顶上的瓦片，不断让瓦片上的颗粒剥落，直到瓦片破裂。如果以此类比皮肤代谢的过程，皮肤表皮细胞的更新就相当于屋顶的密封层被破坏，露出了保护层，皮肤处于脱水状态。

人的皮肤呈弱酸性，因此你可以使用温和的酸或酶来去角质。其效果比磨砂膏好，既不会划伤皮肤，还能促使细胞从底部开始逐渐脱落。从这个角度看，正确使用含有酸或酶的去角质产品对皮肤更友好。我建议使用的去角质成分包括：乙醇酸、乳酸、多羟基酸、水杨酸、菠萝蛋白酶和木瓜蛋白酶。

请注意，要遵循包装瓶、包装盒或包装袋上的说明使用去角质产品。去角质产品的使用方法各不相同，就大多数去角质产品而言，最好在清洁皮肤之后、涂抹精华液之前使用，这样做有助于皮肤的毛孔最大限度地吸收之后涂抹的护肤品。此外，你最好在晚上去角质，这可以使皮肤在你睡觉期间得到充分舒缓。

提醒一下，购买去角质产品需要得到专业人士的指导。有些人随意购买去角质产品，导致他们的皮肤受损，频繁地起皮、脱皮。

## 面膜

面膜对皮肤护理而言很重要，因为它们可以帮助皮肤吸收更多的活性成分，有时甚至能达到激活皮肤功能的效果，而这是日常护理做不到的。也许你不存在皮肤缺水的问题，但你的皮肤每个星期都需要补水，而这正是面膜的功效。

如果日常皮肤护理做到位了，我们就不需要每天使用面膜，尤其是使用富含活性成分的面膜。如果你是个"面膜控"，你可以每天使用天然面膜。现实一点儿的话，我建议你一个星期使用一次或两次面膜，这主要取决于面膜本身的成分（如果是含有活性成分的面膜，使用频率就要低一些；如果是非活性面膜，则可以用得频繁一些）。

你要牢记使用面膜是护肤程序的重要附加步骤。如果你整整一个星期都没认真护理皮肤，而你却企图通过敷一张面膜来弥补，是不可能达到效果的。虽然面膜可以快速修复皮肤缺水问题，但效果无法持久。

盆浴的时候，你可以在脸部、颈部敷一层面膜，并让它停留一定的时间。除非面膜使用说明上清楚地说可以晚上敷着睡觉，否则在入睡前一定要摘除或洗掉面膜。

晚间皮肤护理做完后，你可以敷上睡眠面膜，然后安心睡上一夜。第二天早晨要把脸部清洗干净，因为在敷了一晚上面膜后，你的皮肤可能会有点儿油腻。

使用片装面膜时，你需要小心地将面膜从其包装袋中取出，稍作晃动让面膜上附着更多的精华液。顺便说一下，片装面膜上的精华液还可以涂抹在手臂、颈部和大腿上，这样就能最大限度地利用好面膜。

面膜一定要敷足时间，一般我会敷30分钟。

我建议大家在飞机上敷面膜，由于机舱空气湿度低且空调持续开放，人体皮肤会失去不少水分，保湿面膜可以解决这个问题。

面膜具有不同的功能。有的面膜可以收缩毛孔，有的面膜可以提亮肤色，还有的面膜含有酸、抗氧化剂或肽，可以抗衰老。

我强烈建议大家慎用竹炭面膜，当你从脸上摘下竹炭面膜时，去除的可不仅是黑头。竹炭面膜会过度吸附在脸上，其中

一些还含有聚乙烯醇水凝胶。你要时刻记住皮肤是人体的一个器官，一定要善待它。

我倾向于使用含有生物纤维素的片装面膜，这类面膜通常是由椰子壳等天然材料制成，能较好地锁住精华液。

## 眼霜

与对面霜的态度一样，我对眼霜的想法可能也与你不同。从本质上讲，眼霜的成分与其他护肤品相同或相似，它们通常的目的是缓解水肿、减少细纹或消除黑眼圈。

但有些眼霜的说明书上明确指出产品不能用于靠近眼睛的地方，那么眼霜该用在什么地方？难道是我的理解能力有问题？这是眼霜而非面霜，再说脸颊上也不可能出现眼袋啊！

我认为，如果你用的精华液十分有效，那么眼霜并非不可或缺。只要说明书明确表示可以在眼周使用，就可以把精华液当成眼霜用，用量加倍即可。眼霜通常含有大量肽（能够刺激胶原蛋白生成的氨基酸，可从根本上改善皮肤的健康状况）。你可以在大多数抗衰老护肤产品中发现这种成分以及一般的保湿成分，例如透明质酸、维生素（维生素 A、维生素 C 和维生素 E）。就我个人而言，大多数眼霜的效果并不显著。

## 祛痘和祛斑产品

当大家听到祛痘的话题时，一般会默认为肯定与青春痘有关。但情况未必如此，皮肤色素沉着或发红问题的修复也在这个话题范围内。请谨慎使用祛斑产品，尤其是含有酸或肽的产品。它们通常是浓缩液体，每次用量只需要一小滴，按照说明书的指示，充分按摩直至皮肤吸收即可。这种修复产品可以结合你的日常护肤程序使用，早晚都可以，具体要看你用的是哪种产品及其用途是什么。

使用痤疮修复产品时，你可以用手指、棉垫或棉签将其涂抹在痤疮上并停留几秒钟。不要在脸部的其他区域使用痤疮修复产品，因为它可能会导致皮肤干燥，加剧皮肤问题。这类产品只能直接用于青春痘和黑头，你可以早上或晚上使用，如果你的痤疮很顽固，可以白天反复使用。不过我要提醒大家：经常使用祛痘或祛斑产品，会使皮肤越来越干。

## 面部喷雾

护肤达人几乎都会使用面部喷雾，这也是我每天最爱的护肤步骤之一。面部喷雾一般分为两种：一种是补水喷雾，一种是药用喷雾。

保湿喷雾的作用单一，就是补水。而药用喷雾不仅可以滋润皮肤，还含有抗炎的微生物菌群，可以抑制瘙痒和刺激感；有些还含有精油，具有治愈和舒缓作用。

面部喷雾可以为你全天候补充水分，还可以定妆和唤醒妆容。你每天可以多次使用面部喷雾，我建议你在家里放一瓶，在手提包里放一瓶，在办公室放一瓶。

## 我可以同时使用多个品牌的护肤品吗?

可以，因为护肤品的成分比品牌更重要。当然，有些人购买护肤品通常是基于对品牌的信任，而不是对产品成分的信任。

### 护肤日记自测题

你的日常护肤程序包含哪些步骤?

有没有什么步骤是多余的?

你也在用去角质产品吗?

你涂抹防晒产品吗? 用量足够吗?

你需要添加或去掉哪些步骤?

# 化妆

有些人认为化妆是主要的，而护肤是次要的，皮肤护理只是化妆的前奏，是为了更好地上妆。但多年来，有不少面部护理专家、皮肤科医生和美容师都认为化妆会让人们分心，无法专注于皮肤护理，所以他们并不提倡化妆。

虽然这是一个棘手的话题，但本质上是你应该使用什么类型的化妆品的问题。我提倡使用矿物彩妆产品，因为它们可以建立一道屏障，保护皮肤免受灰尘、污染和日常生活中其他环境问题的侵扰。

大部分人每天要带妆十几个小时，几乎占据了我们醒着的绝大部分时间。这样一来，化妆品的选择就显得至关重要了。

## 彩妆产品

各大化妆品品牌旗下几乎都有彩妆产品，你可以在百货商店、药妆店或超市中找到它们。

彩妆产品通常会让皮肤干燥、缺水，因为它们往往含有酒精、颜料和香料等。

彩妆产品中的滑石含量也比较高。滑石本质上是一种矿物质，在彩妆中添加这种物质，可以使皮肤呈现哑光状态或使产品

容量（克重）变大（因为它是一种非常实惠的成分）。因此，如
果某种产品标榜自己是矿物彩妆产品，但它含有的大多数矿物质
成分很可能是滑石，你就要对此类产品保持警惕了。

　　请注意彩妆产品中的香料或香水、变性酒精或SD酒精、硅
酮等成分。阅读相关文献可知，这些成分会导致皮肤脱水并破坏
其天然屏障，引发各种皮肤问题。

　　此外，上述使皮肤干燥、敏感的成分也会加速皮肤的衰老。
实际上，人体皮肤的老化过程始于25岁左右。年轻人可能会认
为，他们可以放任自由，无论是用湿巾擦脸，还是任由彩妆在脸
上结块也不卸妆，都没关系。可惜的是，我们的皮肤或许并不像
我们想的那么年轻。

矿物彩妆产品对皮肤更好，这已经不是一个秘密了，一些知名化妆品品牌也把矿物彩妆产品作为自己的主打产品进行营销。但是，对于产品必须含有多少矿物质成分才能被称为矿物彩妆产品，目前尚无明确的规定。

在我看来，这就好比在一个氧化锆头饰上安了一小颗钻石，却将其当作钻石头饰出售。而且，消费者通常不知道彩妆产品实际含有多少矿物质成分。

矿物彩妆产品（完全是矿物质成分的彩妆产品）在许多方面都对皮肤有益。防晒霜中的矿物质成分，例如氧化锌和氧化钛，具有防光老化和抗氧化的效果。由于矿物质分子较大，它们不会

堵塞毛孔、造成充血或干扰皮肤的自我修复过程。从这个意义上讲，它们有助于促进人体皮肤细胞的更新，也不会违背皮肤的代谢规律。

我完全理解为什么不少人会直接拒绝矿物彩妆产品。市场营销活动使人们认为它们更适用于成熟的皮肤，并且作为粉底成分时，遮瑕效果不佳，但其实这种想法是不对的。一些品牌开发了各种矿物质产品，包括多种粉底和粉饼、腮红、口红、眼线、修容产品、高光笔和隔离霜。

矿物质粉饼跟定妆粉饼属于完全不同的类型，你既可以将其作为一般的底妆，也可以将其作为晚宴妆容的重要一步。如果你容易长斑，也可以使用矿物质粉饼达到淡斑的目的，你只需使用精致的刷子重点覆盖特定区域即可。由于矿物质天然具有抗炎作用，所以它们还有助于祛斑。这简直是我们梦寐以求的彩妆产品成分。

如果你不能接受矿物质粉饼，那么你也可以选择有保湿功能的矿物质粉底液。

如果你护肤做得不错，但使用的彩妆产品不行，结果就会事倍功半。

与其如此，你还不如不化妆，又或者你应该换用含矿物质成分的彩妆产品。如果你经常化妆，请在晚上及时卸妆。或者，如果哪天不出门，就不要化妆，让皮肤休息一下。只要遵循本书中的建议，你的皮肤状况将会得到较大程度的改善，即使不化妆也不会不敢出门，相信我。

### 我的化妆程序

在完成护肤程序后，我会先涂抹防晒霜，再开始化妆。

肮脏的化妆刷会给皮肤传播很多细菌，甚至可能引发葡萄球菌感染。所以，专业人士总会建议你定期清洗化妆刷。

你可以使用化妆刷喷雾清洁剂清洗化妆刷，然后用干净的厨房卷纸擦拭。重要的是，喷雾清洁剂具有杀菌作用。

## 每周护肤程序

### 露西的每周护肤程序

露西今年23岁，皮肤自身产生胶原蛋白和弹性蛋白的速度还很正常。但她的皮肤容易泛红，正如她自己所说，这与激素水平的波动有关。她的主要护肤目标是预防色斑形成，清除炎症后色素沉着。

露西脸色苍白，很容易形成色素沉着，所以她愿意在日常护肤程序上花时间。她本不太愿意使用矿物彩妆产品，但用后发现它们确实有良好的遮瑕效果，并能使皮肤清透、有光泽。

　　化妆一小时后，露西的鼻子和额头上会冒出一点儿油，到了晚上，如果她脸上还有哪个区域是不冒油光的，那简直是运气爆棚。她的脸下半部尤其容易泛红，通常在下巴（包括边缘）、嘴周或颧骨下方。天气炎热时，她的额头和眉毛之间的区域会大面积发红。

| 星期一到星期日 | |
| --- | --- |
| 早晨 | 洁面啫喱：可清洁毛孔并调节皮脂分泌 |
| | 洁肤片：作为水杨酸的辅助用品，直接敷在斑点上，干燥后揭掉 |
| | 含维生素A的面霜：用于维持总体皮肤健康和修复细胞 |
| | 初乳啫喱：与透明质酸精华混合使用，可导入促进皮肤修复的生长因子，为皮肤补充水分，增强光泽感 |
| | 防晒系数为50的防晒霜 |
| | BB霜 |
| | 粉饼 |

| 星期一到星期日 | |
| --- | --- |
| 晚间 | 预清洁或卸妆 |
| | 洁面啫喱 |
| | 洁肤片 |
| | 含维生素A的面霜 |
| | 初乳啫喱 |
| | 抗衰老精华液 |

除上述常规护理程序外，还有一些附加步骤。

**星期一晚上和星期二晚上**：在例行护肤程序结束后，露西使用了睡眠面膜，在夜间为皮肤补充了大量水分。但如果这种面膜使用过度，就会引起突发性的皮肤问题。

**星期二晚上和星期六晚上**：露西在这两晚不再使用原来的洁面啫喱，而改用清洁力更强的活性洁面产品。这种产品清洁功效强，不宜每天使用，因此她每周只使用两次。

**星期四晚上和星期日晚上**：露西洗完澡后，在有痘印的脸部区域使用去角质洁肤片，提升细胞更新率，促进色素分解。但如果洁肤片使用过度，可能会导致毛孔堵塞。

**星期五晚上**：露西在例行护肤程序结束后，使用片状面膜，实现预先补水的效果，从而使后面几天的妆容更服帖，缓解皮肤压力。

露西也会服用营养素补充剂来提升护肤效果：早晚各服用两片护肤膳食补充剂，每周七天无间断。

## 宝拉的每周护肤程序

宝拉今年46岁，这个年龄段的人大多没有涂防晒霜的习惯。阳光对她的皮肤造成了伤害，她的脸上出现了深色斑点，她的眼周、额头和嘴角都有皱纹。年轻时，她是油性皮肤，喜欢先用洁面乳清洁皮肤，再做皮肤护理。但她使用的洁面乳会让皮肤脱水，洗完后皮肤有紧绷感且没有光泽。她住在市中心，每周有5天要穿过这座城市去上班，她的皮肤不可避免地会受到城市污染物的影响。

| 星期一到星期日 | |
| --- | --- |
| 早晨 | 口服胶原蛋白补充剂，从内而外促进胶原蛋白的产生，给皮肤补水 |
| | 口服维生素A补充剂 |
| | 维生素C洁面啫喱 |
| | 抗氧化精华液，可改善色素沉着并对抗自由基 |
| | 抗氧化面霜 |
| | 抗老化广谱防晒霜（SPF 50）：除了防紫外线，也能保护肌肤免受蓝光伤害 |

| 星期一到星期日 | |
| --- | --- |
| 晚间 | 预清洁或卸妆 |
| | 洁面啫喱 |
| | 美白精华液：含有酪氨酸酶抑制剂，可以阻止色素沉着 |
| | 抗氧化面霜 |
| | 玻尿酸面霜：可提升表皮水分含量，并有助于皮肤形成保护层 |
| 星期一至星期五 | 乙醇酸去角质洁面乳 |
| | 矿物质防晒润唇膏 |

## 夏洛特的每周护肤程序

夏洛特今年 32 岁，她的皮肤状况跟大多数人差不多：有时会变得干燥，有时也会有点儿敏感以致双颊发红。但大多数时候她的皮肤都白净亮泽，几乎没有色素沉着和细纹，这可能得益于她的植物性饮食方式。除了参加特殊活动外，她平常很少化妆。

所以，夏洛特的主要护肤目标是保护其皮肤不受小问题的困扰，比如过敏。而且，夏洛特的下班时间比较晚，护肤程序不能过于烦琐，而要精简有效。

| 星期一到星期日 | |
| --- | --- |
| 早晨 | 含维生素 C 的保湿洁面乳：具有抗氧化、保湿和减缓红肿的作用 |
| | 含维生素 A 的保湿面霜：维生素 A 是护肤的关键因素 |
| | 饭后服用维生素 A 补充剂 |

| 星期一到星期日 | |
| --- | --- |
| 晚间 | 饭后服用欧米茄补充剂 |
| | 预清洁或卸妆：去除脸上附着的污染物和油脂 |
| | 含维生素 C 的保湿洁面乳 |
| | 含维生素 A 的保湿面霜 |
| 星期六晚上 | 透明质酸面膜：可快速为皮肤补水，使之莹润有光泽 |

　　除上述例行护肤程序外，夏洛特还会在周一、周四使用按摩棒和抗氧化精华液，加强对皮肤的保护和滋润。总体而言，她的护理做得还算到位。

　　我们的护肤程序需要满足经济、方便、现实这几个条件。

　　根据护肤达人们的心得和建议，下列护肤品可供大家日常参考和使用。

| 你的护肤品检查清单 | |
| --- | --- |
| 早晨 | 洁面乳 |
| | 精华液和祛斑护理产品 |
| | 防晒霜 |
| | 矿物彩妆产品（任选） |
| | 遵医嘱服用营养素补充剂 |
| 晚间 | 遵医嘱服用营养素补充剂 |
| | 预清洁/卸妆 |
| | 清洁 |
| | 精华液和祛斑护理产品 |
| | 睡眠面膜/保湿霜 |

第 7 课

# 抗衰老的方法

到目前为止，我们讨论了如何让皮肤保持健康，但如果你最关心的是皮肤衰老问题，你将会在本章中找到答案。

衰老实际上是每个人都要面对的事实。作为人类，我们会逐渐变老，这是无法阻止的自然规律……与此同时，我们的皮肤也会衰老。衰老一词已被大众媒体污名化，你打开一本杂志或者一个网页，常会看到"退役超级名模的护肤指南：如何获得如瓷器般紧致、丰满、无细纹、无色斑的皮肤"之类的文章标题。我不禁要问，对于哪些没法在抗衰老一事上一掷千金的人而言，该如何有效应对自己的衰老问题呢？

能够优雅地变老是一件可遇而不可求的事。岁月刻下的皱纹见证了你走过的一生，体现了你的所有经历、磨难和成功。随着时光流逝，长皱纹是再正常不过的一件事了。但如果我们可以通过改变生活方式和使用抗氧化剂来对抗衰老，又何乐而不为呢？

如果你想正常地衰老，就要认真地做好护肤工作。

## 衰老的过程

由于每个人的情况都不一样，我们无法确定皮肤衰老的具体方式和时间节点，只能给出估计值。一般来说，人过了25岁，皮肤就会逐渐失去其正常完成各项工作的能力。由此可见，皮肤其实挺"善变"的！

过了25岁，人体的皮肤细胞就不能再自行制造胶原蛋白了。从此以后，你需要每天服用维生素C补充剂或胶原蛋白补充剂，并辅以抗氧化剂，阻止为数不多的胶原蛋白发生降解。你也需要在护肤程序中添加一些保护性营养素，例如抗氧化剂。虽然你现在可能无须考虑衰老的问题，但这是迟早的事。建议你从现在就开始使用维生素A精华液，这类产品越早使用越好，它们可以预防皱纹和细纹。

到了30岁，你的皮肤细胞的增殖过程会逐渐减慢。与此同时，皮肤细胞的更新速度也在减慢，皮肤的胶原蛋白和弹性蛋白都减少了。你可以在额头、嘴唇、眼周等表情区看到细纹，为了减少细纹，你应该认真地去角质，因为这几个区域的皮肤是需要特别的照顾的。此外，透明质酸和肽有助于减少面部细纹。

到了40岁，胶原蛋白的退化速度明显加快。这时你的皮肤开始显得松弛，凹痕和细纹也变得更加明显。如果你在30岁时没有

补充肽，那么现在是时候
了，透明质酸也一样。你
的淋巴系统的运行速度也
在减慢，该开始注意好好
护理身体和皮肤了。

到了60岁，人体就
几乎得不到雌激素的保
护了，你的皮肤将变得比以前更干燥。这意味着你要使用更保湿
的洁面产品，补充更多的透明质酸，以及使用脂质含量更高的面
霜，以保护皮肤和阻止其水分流失。

## 应该从什么时候开始抗衰老？

你应该在25岁时开始抗衰老，因为这是皮肤中的胶原蛋白
和弹性蛋白开始减少的年龄。你几乎只能通过观察来判断你是在
加速地衰老还是正常地衰老。你的皮肤有发红的现象吗？晒黑了
吗？毛孔粗大吗？皮肤的弹性下降速度超过了你的年龄增速吗？
如果你需要与年龄相仿的朋友对比，你应该如何做？你的脸看起
来比实际年龄年轻，还是和实际年龄一致？

## 抗衰老的最佳护理方法

### LED 照射疗法

其中的红光可以刺激成纤维细胞，这种细胞是皮肤结缔组织的主要组成部分，能产生胶原蛋白。它有助于改善衰老皮肤的色调和质感。

### 超声刀疗法

它可增强胶原蛋白并缓解皮肤松弛的问题。

### 微针疗法

它可以触发胶原蛋白，是另一种有效的抗衰老疗法。

### 肌肉电刺激疗法

它对改善面部结构很有帮助，因为它针对的是皮肤以下的肌肉。

## 抗衰老的最佳护肤品

肽是一种有效的抗衰老营养素，可以将信息传递到皮肤并促使其产生胶原蛋白。但随着年龄的增长，你会逐渐失去产生肽的能力。

抗氧化剂可以用来防止加速衰老。它们可以保护皮肤免受自由基的破坏，阻止胶原蛋白和弹性蛋白过早降解，为我们对抗衰老争取了更多时间。

透明质酸也是一种抗衰老的营养素，可以让皮肤饱满、柔软和水润。

维生素 A 当然也是著名的抗衰老营养素，如果你不打算采用其他抗衰老建议，那么维生素 A 就是你的第一选择。

紫外线的侵蚀会使我们的皮肤看起来不再年轻，因此你从年轻时就应该坚持涂防晒霜。

## 肉毒杆菌毒素

肉毒杆菌毒素是去除细纹或皱纹的有效方法，这一点毋庸置疑，但它不是一个长期性解决方案。肉毒杆菌毒素是一种神经毒素，当被注入皮下肌肉时，它会阻止肌肉接收运动信号，从而使该区域的皱纹消失。

注射肉毒杆菌毒素的效果可以持续三到四个月。

我注射过一次，但事后我发现镜子里的人根本不是我，我的脸看上去很别扭。我之所以做此尝试，是因为我认为要正确地理解一个事物，必须亲身尝试。但如果有下列情况，我是坚决不会尝试的：

第一，违反法律；

第二，有损健康。

　　如果你想深入了解肉毒杆菌毒素，请咨询专业的美容医生，问问他们肉毒杆菌毒素会对人的脸部产生什么影响，而不要直接接受美容机构要你注射肉毒杆菌毒素的建议。

　　尽管有些人认为注射肉毒杆菌毒素是抗衰老的有效疗法，但它其实无法真正地解决皮肤问题，只是暂时"冻住"了肌肉。

　　脸部的衰老体现在三个层面上：肌肉、皮肤组织和淋巴系统。随着年龄的增长，有些皮肤会变得粗糙、厚实，有些皮肤则会产生色素沉着或血管凸显，而有些皮肤会或多或少地有多余油脂堆积。肉毒杆菌毒素针对肌肉，护肤品针对皮肤组织，玉石按摩和淋巴排毒则针对淋巴系统。

就抗衰老而言，仅针对其中一个方面是不够的，你只有多管齐下，才能实现最佳效果。

## 肉毒杆菌毒素与皮肤填充剂

使用皮肤填充剂指的是，通过注射透明质酸或其他营养素，使皮肤变得充盈、水润。皮肤填充剂可以在肌肉不被麻痹的前提下让皮肤变得饱满。通常，它可以被注入皱纹和细纹，也可用于填充眼睛下方的皮肤组织，从而微妙地调整鼻子的形状。有人用它填补泪沟，以减少黑眼圈的出现。它最有名的用途之一是让嘴唇变得丰满，看起来更加性感、立体。

皮肤填充剂的效果可持续一年半到两年，具体取决于填充位置。跟肉毒杆菌毒素一样，皮肤填充剂无法从根本上解决皮肤问题，也不能增加皮肤中的胶原蛋白。

我建议你慎用肉毒杆菌毒素或皮肤填充剂，可以先尝试其他抗衰老方法，比如通过电脉冲按摩和面部瑜伽来锻炼脸部肌肉。

如果实在想使用肉毒杆菌毒素或皮肤填充剂，请务必咨询专家的意见。

　　你应该听过不少关于优雅地老去的故事，我认为这与你的心理状态有关。要想对自己的外表感到自信，保持皮肤健康才是真正重要的事。

第 8 课

# 不容忽视的皮肤病

每个人的一生都可能会发生一次或多次皮肤病，有些皮肤病是定期爆发，有些是长期慢性的。皮肤问题是一个笼统的话题，既包括较为严重的皮肤病，也包括审美方面的瑕疵，例如细纹或松弛。虽然这些都与皮肤的健康状况有关，但不要将二者混为一谈。

　　当你患上皮肤病时，一定要在第一时间寻求适当的治疗。如果你怀疑自己患有中度至重度痤疮、银屑病、黄褐斑或湿疹，就应该去看全科医生。正如本书反复强调的那样，人体的各个部分都是联系在一起的，皮肤病的根源很少来自皮肤本身。

　　我的一些客户自述有酒渣鼻，但当我向他们索要相关的诊断报告时，他们的回答常常是从未找医生诊断过。脸颊发红不代表就是酒渣鼻，皮肤病需要正式的医学诊断。

　　如果你有无法解决的慢性皮肤问题，或者认为自己可能需要专业的帮助，建议你去找全科医生或皮肤科医生咨询。在我看来，向专业人士咨询皮肤问题是保持皮肤健康的关键。皮肤的具体状况要因人而异，在为人们推荐特定的护肤产品和疗法时，需要考虑许多因素。你可以从本书出发，针对自己的皮肤状况，做适当的延伸。

## 疤痕

如果你的皮肤有伤口，就一定要小心对待，它相当于在你的皮肤保护层上开了一个口子，你需要确保它不会受到细菌感染，以便尽快地愈合。在淋浴时你要遮住伤口，因为沐浴液会刺激伤口。你还要避免阳光曝晒伤口，因为伤口对光更敏感。

疤痕是皮肤自行修复伤口的结果，它的形成取决于如下因素：

- 人种。对肤色较暗的人来说，其伤口部位更容易失去色素，看起来更白。
- 伤口的深度。伤口越深越长，就越容易发生炎症，留下疤痕的可能性也越大。
- 伤口的位置。如果伤口位于日光可以晒到的部位，很可能会发生炎症后色素沉着，从而留下疤痕。
- 遗传基因。人的遗传基因决定了伤口能否完全愈合，以及是否会留下疤痕。

- 饮食。你吃什么、喝什么也会影响伤口的愈合，加工食品
  不利于伤口的愈合和疤痕的修复。
- 感染。如果伤口发生感染，就更容易形成疤痕，因为炎症
  已经扩散到伤口之外的地方了。

疤痕分为如下几种类型：

- 痘印；
- 手术疤痕；
- 激光脱毛疤痕；
- 妊娠纹；
- 瘢痕疙瘩：伤口外的组织过度生长，导致疤痕部分隆起和
  肿胀。

就修复疤痕的产品而言，尚无证据表明维生素E或精油有消
除疤痕的作用，但有些人从自身的经验中找到了修复早期疤痕的
方法。早期疤痕呈粉红色、紫色或红色，而不是银色或黑色。疤
痕或瘢痕是因胶原蛋白在伤口愈合过程中形成得太快造成的，因
此，在美容店或诊所的修复效果比在家里的效果可能更理想。你
可以从全科医生或皮肤科医生那里获得类固醇注射剂，激光疗法

有助于修复疤痕组织中的血管，冷冻疗法可以刺激真皮层的胶原蛋白和弹性蛋白生长，你还可以选择用皮肤填充剂填补疤痕。

## 毛细血管扩张

　　毛细血管扩张指皮肤上出现红色或紫色血丝，有时呈网状扩散。毛细血管在受到压力、摩擦及缺乏维生素C的状况下会破裂。

　　毛细血管扩张因为像蜘蛛网，也被称为蜘蛛静脉，它算是一种轻度的静脉曲张。蜘蛛静脉通常更靠近皮肤表层，呈红色或蓝色，面积有大有小。很多人都有蜘蛛静脉，通常存在于脚、腿和臀部附近。但如果不仔细看，未必能看得出来。蜘蛛静脉也常见

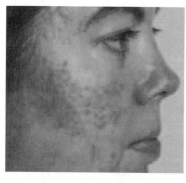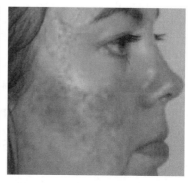

该客户长期受到皮肤充血问题的困扰。虽然第二张图片看起来与第一张差别不太大，但经过8周的治疗，她的皮肤状况的确有所改善

于有创伤的皮肤区域，日光照射也可能会造成蜘蛛静脉，尤其是在脸部。

为了预防静脉曲张和蜘蛛静脉，你需要使静脉变得更强，并随时预防炎症。

为此，你需要让身体多摄入下列营养素：

- 生物类黄酮。生物类黄酮具有抗氧化、抗炎症和抗病毒的特性，可以减轻血管压力，促进血液循环。你可以通过食用胡萝卜、萝卜、大豆、茶、西蓝花、茄子和亚麻子等获得生物类黄酮。
- 维生素C。维生素C可以增强血管和对抗炎症。辣椒、羽衣甘蓝、西蓝花、木瓜、草莓和球茎甘蓝都含有丰富的维生素C，但我建议大家不要同时食用。
- 定期运动。运动可以促进血液循环，增强静脉的活力。
- 穿弹力袜。穿弹力袜虽然不是最好的选择，但它确实有助于预防静脉曲张和蜘蛛静脉。

蜘蛛静脉的相关疗法有以下几种：

- 激光疗法。激光疗法会将导管植入患处，利用导管中的微小激光束加热并密封静脉。其治疗过程听起来有点儿吓人，但它是在局部麻醉的情况下进行的，对患处周围的皮肤也不会造成伤害。

• 硬化疗法。这是处理蜘蛛静脉的一种简单且无须麻醉的方法。将硬化剂注入静脉，从外部向静脉施加压力以阻止血液回流。治疗过程需要5~30分钟，具体取决于蜘蛛静脉的严重程度和数量。硬化疗法的缺点在于，患处会产生灼痛感或抽筋，而且需要多次治疗。

## 酒渣鼻

酒渣鼻是一种自身炎症性皮肤病，由人体防御机制失灵引起。

如果你在日晒、风吹、饮酒或进食辛辣食物后脸部发红甚至情况更糟，就可能患有酒渣鼻。如果发红的状况持续存在，则可能是先天性发红或色素沉着。

酒渣鼻主要有4种类型：

• 毛细血管扩张型。这是最为常见的酒渣鼻类型。在外观上，它表现为皮肤泛红或发红，毛细血管清晰可见，患处可能会有刺痛感、灼伤感，皮肤会变得粗糙。

- 丘疹型。在外观上，它表现为丘疹和脓疱，患处皮肤发红、肿胀。
- 肥大增生型。患处皮肤变厚，质地不均匀，有结节或肿块。酒渣鼻经常出现在鼻子上，可能会导致鼻腔气肿，鼻尖呈鳞茎状。
- 眼部型。这种类型是指眼部出现酒渣鼻症状，发红、发炎，并有可能引发睑腺炎。

　　酒渣鼻的确切发病原因我们目前还无从知晓，我们甚至无法确定谁最有可能患酒渣鼻，而只能靠观察。据观察，凯尔特人的后代更容易患酒渣鼻。有趣的是，酒渣鼻在女性中更常见，不过男性一旦患了酒渣鼻，可能就会非常严重。

　　最近的研究发现，酒渣鼻和蠕形螨之间存在着联系。蠕形螨是一种微生物，它可以吞噬死皮细胞，减少人脸上的代谢物。酒渣鼻患者的皮肤上有多少蠕形螨呢？有时会比未患酒渣鼻的人多出15~18倍。于是，人们认为这种微生物的过量存在是导致酒渣鼻的罪魁祸首。比利时皮肤科医生法比安·福特博士也相信这一点，在他参与的一项研究中，当酒渣鼻患者皮肤上的蠕形螨数量回归正常后，他们的皮肤变得不再敏感。

## 酒渣鼻的治疗方法

- 了解酒渣鼻的病因是治疗的关键。如果饮酒是一个诱因，就要少饮酒，至少要知道饮酒对缓解酒渣鼻没有任何帮助。

- 维生素C无论是局部皮肤外用还是口服，都有助于增强毛细血管和缓解皮肤发红的症状。

- 不要使用酸和可能会造成皮肤敏感的营养素，尽量保持皮肤的弱酸性。

- 透明质酸与其他酸不同，它是酒渣鼻患者的绝佳皮肤保湿剂。

- 欧米茄可以较好地应对酒渣鼻发炎的情况。

- 绿茶提取物和甘草根提取物等具有舒缓皮肤的作用，应纳入你的日常护肤程序。

- 如果你想缓解酒渣鼻发热发红的症状，请把面部喷雾放置在冰箱中，并适时取出为面部补水。这既有助于防止皮肤脱水，也能让你获得比吃冰激凌还清爽的体验。

- 口服益生菌有助于缓解炎症，对酒渣鼻患者来说，口服益生菌是必不可少的。

- 维生素A可以在细胞水平上修复皮肤，这对于治疗酒渣鼻也很重要。

## 湿疹

湿疹的症状通常表现为皮肤瘙痒、发炎、肿胀和起皮。跟酒渣鼻一样，湿疹的确切致病原因尚不清楚，但人们通常认为它与人体免疫系统的过激反应有关。

湿疹可能伴随你一生，爆发期和潜伏期交替进行。你可能多年都没有出现湿疹症状，但某一时刻的巨大压力会让湿疹突然爆发，之后湿疹又会消失不见。

湿疹本身就是伤口，所以患处的皮肤更容易受到外部因素的影响。通常来讲，包含润肤成分和脂肪的膏体可暂时缓解患处的瘙痒或疼痛感，却无法从根本上解决问题。

### 湿疹的治疗方法

- 欧米茄这种必需脂肪酸是治疗湿疹的关键因素，它能加强皮肤的保护膜。
- 益生菌护肤品可以平衡皮肤菌群，从而显著缓解湿疹症状。
- 透明质酸、抗氧化剂、维生素A、维生素C、维生素E和防晒霜都有助于长期保持皮肤健康。

# 银屑病

银屑病是一种可遗传的自身免疫性疾病，其症状表现为鳞状皮肤斑块，患处的皮肤有灼热感。患者的发病诱因各不相同，发作时间也没有特定的规律可循。许多人发现，饮酒和压力会引发银屑病。

银屑病会造成皮肤干燥，直至破裂和流血。银屑病患者体内的炎症将导致新的皮肤细胞过度产生，在自我更新的过程中，身体会剥落老的皮肤细胞，为新的皮肤细胞腾出空间。对银屑病患者来说，新的皮肤细胞的过度产生意味着身体必须尽力地去除死皮细胞，但这些细胞不会轻易脱落。如此一来，过多的皮肤细胞就会积聚在皮肤表面，形成鳞状皮肤斑块。

银屑病常见于身体外侧，例如肘部外侧或小腿外侧。

## 银屑病的治疗方法

银屑病是一种疾病，你应该找皮肤科医生咨询专业意见。

紫外线疗法已被证明对银屑病有一定疗效，但这并不意味着你就可以随意晒日光浴。

患者也可以口服欧米茄、抗氧化剂、维生素A和维生素C，但不要服用酸，因为它可能会造成皮肤灼伤。

益生菌护肤品也可用于治疗银屑病，帮助皮肤保持水分，患者还可以口服益生菌来预防炎症。

## 早衰

衰老是不可避免的，但有些人看起来要比他们的实际年龄大，30多岁的人看起来却像40多岁。衰老不是问题，早衰才是。

将自己与同龄人进行比较，就可以发现是否存在早衰的问题。如果你符合下列任何一项描述，那么你有可能存在早衰问题。

- 你的皱纹更深；
- 你的法令纹更深；
- 你的下巴轮廓不明显；
- 你长时间不做运动，川字纹更深；
- 你的皮肤更粗糙、更红肿。

很多外部因素都会加速皮肤衰老。在大多数情况下，预防都比治疗容易，应对皮肤早衰的问题亦如此。少晒太阳、不抽烟、少喝咖啡、少饮酒、少用湿巾、不用磨砂膏，所有这些做法都对预防皮肤早衰有帮助。你还可以尝试下列方法：

如图所示，这位女士的法令纹比之前浅了很多。她眼周的皱纹也在减少，皮肤看起来更健康了

- 每天局部使用抗氧化剂和紫外线防护剂，可以阻止光和无处不在的自由基对皮肤造成伤害。
- 摄入维生素 C 可以促进皮肤内胶原蛋白、透明质酸的合成，使皮肤更加饱满。
- 局部使用维生素 A 对于抗衰老非常重要，因为它可以随着时间的推移增强皮肤功能，并防止色素沉着。

## 粟粒疹

粟粒疹（俗称脂肪粒）指皮肤上圆形的珍珠状凸起，常见于眼睛附近的区域。它们看起来有点儿像白头粉刺，但明显扎根于皮下更深的地方。粟粒疹通常没有红肿症状，并且会一下子长出很多个，而不是一两个。

当皮脂和死皮细胞堆积在皮肤表层时，就容易引发粟粒疹。一段时间后，它们会角质化，即收集角蛋白，然后变硬。角蛋白并不惹人厌，它是支撑皮肤结构的不可缺少的蛋白质，并且时刻保护着我们的皮肤。只不过，角蛋白是让粟粒疹变硬的元凶。

我们没有万全的方法去预防粟粒疹，但保持皮肤健康（尤其是让皮肤获得必需脂肪酸和维生素 A）肯定大有帮助，因为它可以避免死皮细胞和油脂堵塞毛孔。去除粟粒疹的最有效也是最传统的方法是，用刀片或针刺穿患者的皮肤。切记，千万不要自己在家做这件事，而要去诊所或医院。

## 黑眼圈

许多人都不知道黑眼圈可能跟遗传基因有关。一些人由于眼睛下方的皮肤较薄，黑眼圈可能会更加明显。如果眼窝深陷且眼眶周围皮肤薄的人出现了黑眼圈，是很难找到有效措施来应对的。

同样，当你眼周的皮肤变薄时，皮下的静脉会透出蓝色，眶骨也变得更加清晰，自然就会形成黑眼圈。如果你的体重下降了，黑眼圈则会变得更明显。

黑眼圈也可能是眼周色素过度沉着的结果，这种情况常见于肤色较深的人。众所周知，这个问题很难应对，不像皱纹或细纹那样做局部护理即可。阳光暴晒还会加剧黑眼圈，正因为如此，我们每天都应该涂防晒霜。

咖啡因可促进皮下血液的流动，避免血液凝聚而形成淤青。你可以选择含咖啡因的精华液或眼霜，以达到消除黑眼圈的目的。

如果你的黑眼圈与色素沉着有关，那么你可以用有祛斑功效的护肤品来消除黑眼圈，比如美白眼霜和酪氨酸酶抑制剂。

## 毛孔堵塞

毛孔堵塞通常是由皮脂引起的，皮脂会填满毛孔，将其撑大并失去回弹能力，最终变得越来越大。

随着年龄的增长，由于弹性蛋白的降解和减少，我们的皮肤弹性变得越来越差，从而加剧了毛孔堵塞的问题。

处理毛孔堵塞问题的方法如下：

• 疏通毛孔，恢复并保持毛孔的弹性和强度。根据个人皮肤
  的具体情况，我们需要用酸来达成这一目标。如果一个人

的皮肤容易长斑且油腻，使用水杨酸就可以解决问题。

- 乙醇酸适用于其他类型的皮肤，乳酸适用于需要补水且较为敏感的皮肤。
- 多羟基酸对那些拥有过敏性皮肤的人而言是不错的选择。
- 如果你的皮肤确实不能使用酸，可以考虑用酶去死皮，但不要选择会破坏胶原蛋白和弹性蛋白的酶。
- 用维生素A改善毛孔的健康。
- 维生素$B_3$可改善毛孔的外观。

# 毛孔扩张/毛孔粗大

正常大小的毛孔不会大过别针针尖（仅在靠近观察时可见，而在一臂以外的距离则看不见）。毛孔的大小会随族群的不同和体温的变化而变化。

在大多数情况下，随着皮肤逐渐失去弹性，毛孔会变得越来越不紧致，就像一条被过度牵拉的橡皮筋，因此我们必须更精心地呵护皮肤。

对于粗大的毛孔，请不要使用去黑头撕拉面膜和爽肤水，而要用防晒霜和维生素A来收缩毛孔。其中，涂防晒霜是关键，因为这样做可以防止过多的光线进入毛孔。弹性蛋白位于真皮层，

> 过多的光线进入毛孔会导致弹性蛋白断裂、皮肤松弛、毛孔增大。维生素A可以触发弹性蛋白的生成，增加皮肤弹性，你可以通过饮食和补充剂摄入维生素A。

## 黄褐斑

黄褐斑是由激素水平波动造成的色素沉着，通常与怀孕有关，呈蝴蝶状出现在前额、脸颊或鼻子区域。

黄褐斑比你的自然肤色要暗一到两度，像茶渍一样呈棕褐色。

我们很难阻止黄褐斑恶化，因为我们无法由内而外地抑制其成因。一些女性会在绝经期长出黄褐斑，但我们不能因为不想长黄褐斑就推迟绝经期的到来。

治疗黄褐斑可以尝试以下几种方法：

- 咨询全科医生的专业意见，因为黄褐斑通常与激素水平的波动有关，比如怀孕或服用避孕药等。
- 一定要涂抹防晒霜，而且防晒霜的防晒系数要足够高，并定时涂抹。事实上，黄褐斑在日光照射下会变得更严重。
- 美白精华液可以为皮肤提供日常的抗氧化作用。

- 黄褐斑是一种内部激素性炎症，如果你正在服用避孕药，我们就无法通过外用护肤品改善你的皮肤状况，因为内部的激素水平波动问题无法通过外用的祛斑产品来解决。
- 外用维生素 A 可以修复黑色素细胞的 DNA，有助于解决与色素沉着有关的问题。
- 与一些护肤专家的观点不同，我认为用酸处理色素沉着问题并不可行。随着时间的流逝，它只会使色素脱落，你的皮肤会对光照越来越敏感。
- 维生素 A 与维生素 C 都适用于去角质。

## 色素沉着

我们已经讨论了色素沉着过多和色素沉着不足的问题。紫外线是皮肤色素沉着的重要原因，因为它会触发黑色素的生成，而黑色素可以保护我们免受紫外线伤害。随着地球气候环境的变化，我们与生俱来的防晒模式不再有效。紫外线会损害黑色素细胞，导致长期的色素沉着问题，甚至会引发皮肤癌。

在外伤或皮肤损伤部位及所有发炎的地方，都会出现炎症后色素沉着问题。有些痤疮患者在康复后皮肤上仍会留下紫色、红色或棕色的斑块，原因就在于此。炎症会导致皮肤细胞的 DNA 受损，从而产生黑色素。

　　将香水直接涂抹在皮肤上会使皮肤具有光敏性，从而更容易产生色素沉着。这就是有些人的耳后、脖子或手腕上会出现或浅或深的水滴状斑点的原因。但我并不是要大家别喷香水，而是建议你往衣物上喷香水。

　　某些药物也可能会造成皮肤色素沉着，例如，长期服用某种抗疟疾药物就会引发色素沉着。

　　酪氨酸酶在一定程度上决定了人体会产生多少黑色素，因此我们可以用酪氨酸酶抑制剂来应对色素沉着问题。顾名思义，酪氨酸酶抑制剂会阻止酪氨酸酶发挥作用，使其无法到达特定的位置去触发黑色素的产生。除此之外，我们还需要采取其他方法来预防和应对色素沉着问题。

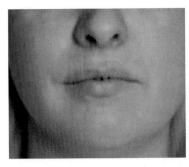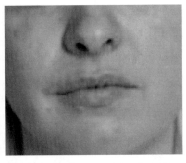

这位患者已经开始她的改变色素沉着护肤项目6个星期了。当你第一次开始关注色素标记时，它可能会逐渐从皮下转移到皮肤表层，显示出恶化的迹象，而后才会逐渐改善。如第二张图所示，她的肤色更加均匀明亮，鼻子周围的红肿得到了改善。

维生素C有助于解决色素沉着问题，某些含维生素C的护肤产品也是酪氨酸酶抑制剂。

维生素A有助于修复皮肤细胞（包括黑色素细胞）的DNA，在解决色素问题时可以局部外用。

去角质应该与保持细胞健康、防止更多色素形成等方法同时使用，但它不能替代这些方法。当涉及色素沉着问题时，人们通常会想到乙醇酸，但其他酸也能解决这一问题。不过，酸会使皮肤对光更加敏感，所以我们在选择防晒霜时要十分注意，以免皮肤上形成更多的色素沉着。我建议你使用防晒系数为50的广谱防晒霜。

## 晒伤

有些肤色白的人向往拥有深色的皮肤，甚至认为小麦色才是和财富、健康相关的肤色。实际上，不管你的个人喜好如何，保持天然的肤色才是最好的。

晒日光浴很有可能会伤害你的皮肤，近距离接受合成灯的照射可能会引发皮肤癌。我采访了许多使用过合成灯照射或偏爱日光浴的人，发现其中不少人都罹患了基底细胞肉瘤（发生在皮肤基底层的癌变或病变），甚至是更严重的疾病。

所以，防晒不仅是为了保护皮肤，也是为了人体健康的其他方面考虑。但是，基于我们现在对太阳和衰老的了解，大量摄入圣诞节火鸡身上的油脂和在阳光下暴晒，都是不成熟和不负责任的做法。

晒太阳时，我们会接触到日光中的三种射线：长波紫外线、中波紫外线和短波紫外线。短波紫外线主要受到臭氧层的屏蔽；中波紫外线仅存在于阳光普照的地方（中波紫外线与晒伤有关）；长波紫外线的波长最长（即使在寒冷地带，我们也会全年暴露在其中），可以射入人体皮肤的更深层，加速皮肤衰老。

保护皮肤不被阳光晒伤是关键，但我们不可能用防晒霜覆盖全身的每一寸皮肤。而且为了促进维生素D的吸收，你需要让阳光照射到裸露的皮肤上，一般需要晒20分钟。

老年斑、黑斑、红肿、雀斑、松弛、细纹、白斑，都有日光伤害（光损伤）的一份"功劳"。尽管有些人通过晒日光浴拥有了小麦色皮肤，但他们若非天生肤色如此，晒成小麦色就表明他们的皮肤已受损。但也不要走入另一个极端，即过度保护孩子免受阳光照射，以至于让他们到了畏惧阳光的地步，这也是不可取的。要科学护理皮肤，适当接受阳光的照射并做好防晒。

第 9 课

# 如何给皮肤补充营养

在本章中，我们将探索几种重要的皮肤护理成分，其中一些已经在前文中提过了。我把它们分成酸、抗氧化剂、保湿剂、维生素和美白剂这几类，并逐一做介绍。

# 酸

## 乙醇酸

乙醇酸可能是最常见也是分子最小的一种果酸，比乳酸、扁桃酸和柠檬酸的皮肤渗透力更强。但它不太容易控制，一不小心就会引起刺激性反应。乙醇酸与所有果酸一样，会进入皮肤并促使死皮细胞脱落。这也意味着它会使皮肤脱水，所以最好与保湿成分一起使用。乙醇酸来源于甘蔗，过量使用乙醇酸对皮肤有害，长期使用时更要十分注意。

乙醇酸适用于解决衰老、肤色暗沉和色素沉着等皮肤问题，有助于提升皮肤紧致度，让皮肤更有弹性。如果你有青春痘，乙醇酸能促使青春痘尽快爆出到皮肤表面，从而导致皮肤发红。

## 乳酸

乳酸最初是在酸奶中发现的，也可以人工合成。乳酸分子较大，所以它发生作用的速度更慢、更柔和，也更有效。乳酸比较适合敏感性皮肤。

少量的乳酸可以防止表皮水分流失，所以具有保湿作用。尽管乳酸分子比乙醇酸分子大，但它们依然能渗入皮肤，加速细胞更新。它在应对色素沉着过度、肤色暗沉和细纹等皮肤问题方面有一定的效果。鉴于乙醇酸的强度和效力大，人们通常认为孕期使用乳酸更安全。

乳酸可用于修复敏感性皮肤，缓解皮肤衰老、易长粉刺、色素沉着、暗沉和松弛等问题。

如果你的皮肤对所有酸都很敏感，我建议你做一下皮肤斑贴试验。

## 水杨酸

水杨酸来源于柳树皮，可以为油性皮肤和易长粉刺皮肤去角质，当它渗透到毛孔中时，能溶解死皮细胞和油脂。与果酸一样，水杨酸也能促使皮肤细胞从表层脱落，但由于它具有抗炎作用，因此它的效果更加柔和。

水杨酸适用于解决油腻、易长斑等皮肤问题，可以应对毛囊角化病，还可以用于修复痤疮以及烧伤留下的疤痕。

注意，女性孕期请勿使用水杨酸。如果你对阿司匹林（乙酰水杨酸）过敏，也不要使用水杨酸，因为它们成分相同。

### 多羟基酸

多羟基酸并不是皮肤的组成成分，而只是酸的一个子类别。皮肤有了果酸和水杨酸之后，还需要多羟基酸。多羟基酸更适用于敏感性皮肤和炎症性皮肤病。

常见的多羟基酸包括葡糖酸内酯和乳糖酸，它们可以减少色素沉着，给皮肤保湿，作用也更加温和。

多羟基酸适用于对乙醇酸或乳酸等成分敏感的人。

注意，与其他所有酸一样，当皮肤有创口时，请谨慎使用多羟基酸。

## 抗氧化剂

### 绿茶提取物

绿茶提取物（茶多酚）是一种被研究得最深入的抗氧化剂成

分，大多数美白护肤品和
抗污染护肤品都含有这种
成分。绿茶提取物有搜寻
自由基的作用，可以预防
皮肤过早衰老。

绿茶提取物也具有舒
缓和抑制炎症的特性，可
以减少皮肤发红现象。

绿茶提取物适用于希望达到抗氧化护肤效果及缓解皮肤发
红、发炎状况的人。

注意，使用前先确认你对绿茶提取物不过敏。

## 泛醇

泛醇（还原型辅酶Q10）是一种自由基清除剂，具有抗氧化
作用，是皮肤护理过程中的一种重要物质。泛醇能从根本上改变
皮肤状况，因为它可以直接进入细胞线粒体产生能量，还有减少
细纹、延缓衰老的作用。

因此，你可以在日常护肤程序中添加这种成分，用它来抵御
与污染相关的皮肤损害。

泛醇适用于希望延缓皮肤衰老并达到抗氧化护肤效果的人。

对泛醇过敏的人很少见，除非你确定自己对这种成分过敏，否则就可以放心使用。

### 白藜芦醇

我们在前文中提到了白藜芦醇作为营养素补充剂的效果，其实它也是护肤品中的一种常见成分。

它是一种植物营养素，可用作抗氧化剂，还可以促使人体产生抵抗自由基损害的酶，防止皮肤过早衰老。它也可以抑制酪氨酸酶的产生，酪氨酸酶会导致皮肤形成色素沉着。对这种成分来说，内服的功效胜过外用。

由于白藜芦醇具有清除自由基的特性，局部外用可防止与污染有关的皮肤衰老问题。

白藜芦醇是一种来自植物的抗氧化剂，不易造成皮肤过敏等问题。

## 保湿剂

### 透明质酸

当人们看到透明质酸一词时，第一印象可能会认为它是某种形式的去角质剂，但它其实是一种保湿剂。我们的身体会自行制造透明质酸，但随着年龄的增长，制造这种成分的速度会减慢，以致皮肤水分含量减少，皱纹越来越多。

透明质酸可吸收相当于自身重量 1 000 倍的水。当局部外用时，它可以将皮肤深层的水向上拉，再将水排出，从而使皮肤表层脱水。当你的皮肤已经脱水或皮肤的保护层功能受损时，透明质酸的功效就不那么理想了，因为它会将皮肤中的水分排出，加剧皮肤脱水问题。

不同形式的透明质酸分子大小不同，进入皮肤的深度也不同。例如，透明质酸钠分子比纯的透明质酸分子要小，所以可以进入皮肤深层。

透明质酸适用于皮肤脱水、干燥、易长粉刺的人，尤其适合夏季使用。

请注意，当你发现自己的皮肤处于非常干燥的环境（如冬天、坐飞机、身处炎热的沙漠）中时，请停止使用透明质酸。

## 角鲨烷

角鲨烷是氢化后的角鲨烯。角鲨烯是一种存在于皮肤皮脂中的化合物，是皮肤的天然成分之一，所以角鲨烷对皮肤干燥、脱水或老化的人而言是非常有效的护肤成分。

角鲨烷不会堵塞毛孔，还具有抗菌作用。需要说明的是，角鲨烷不能马上被皮肤吸收。当它不是护肤品的主要成分时，它的效果可能会被主要成分抵消掉。

角鲨烷适用于干燥、脱水和过早衰老的皮肤。

请注意，如果你是素食主义者，就要确保你使用的角鲨烷来自植物而不是动物。

## 维生素

### 维生素A

维生素A是唯一一种可以触发皮肤的物理变化并修复DNA损伤的维生素，所以，维生素A对于皮肤来说多多益善！维生素A对皮肤健康而言至关重要，每个人都应该通过外用精华液或内服补充剂来补充维生素A。

维生素A在皮肤护理产品中呈现为多种形式：视黄酸（又名医用维生素A），视黄醇（在皮肤内转化成视黄酸），棕榈酸视黄酯（对皮肤的刺激性较弱，比视黄醇的作用更稳定）。$\beta$–胡萝卜素也是维生素A的一种形式，因为这种物质的存在，许多蔬菜会呈现出橙色。

我建议你选择能逐渐被人体吸收的棕榈酸视黄酯，因为其稳定性和生物活性意味着它不太可能引起类维生素 A 反应（刺激性反应）。有趣的是，如果你使用了含视黄醇的护肤产品，视黄醇会先转化成棕榈酸视黄酯，再被皮肤吸收。

维生素 A 是人人都需要的保持皮肤健康的基本营养素。

注意，如果你正在妊娠期，请勿使用。如果你正在母乳喂养，请仅限局部外用，并严格按规定剂量使用。

## 维生素 C

人体不能自行制造维生素 C，所以保证它的摄入量非常重要。维生素 C 具有许多奇妙的好处，可以增强毛细血管壁（防止毛细血管破裂和皮肤发红），是皮肤合成胶原蛋白的不可或缺的成分。维生素 C 也是一种抗氧化剂，可以抵抗污染对皮肤的伤害。它还是一种酪氨酸酶抑制剂，可以阻止黑色素的过度产生和色素沉着。

一些局部外用产品包含了不同形式的维生素 C，比如抗坏血酸四异棕榈酸酯（油溶性强，不易渗透）、抗坏血酸磷酸酯镁（具有水溶性，稳定性高）、抗坏血酸视黄酸酯（维生素 A 和抗坏血酸的混合物）和四己基癸醇抗坏血酸酯（一种可与其他形式的维生素 C 同时起作用的高度稳定的物质）等。

不同形式的维生素 C 在不同护肤品中的效果如何，具体取决于其他成分和产品类型。

因其具备抗衰老特性，维生素 C 适用于那些想要解决色素沉着问题、合成更多胶原蛋白和提高皮肤抗氧化能力的人。

## 维生素 E

维生素 E 是一种强效抗氧化剂，可以保护皮肤免受长波紫外线的伤害。它具有亲脂性，可以促进皮肤的水合作用。维生素 E 在护肤品中以多种形式存在，其中 $\alpha$-生育酚具有很高的生物活性，通常被认为对人体皮肤更有效。$\alpha$-生育酚有合成和天然两种形式，经实验证明，天然形式的效果更好。

维生素 E 也具有保湿特性，因此它也是补充皮肤水分的理想成分。但维生素 E 可能会引发粉刺，或者使油性皮肤的人发生毛孔堵塞的问题。

维生素 E 适用于多数皮肤类型，尤其是脱水、干燥和老化的皮肤。

注意，油性皮肤的人或皮肤易于红肿的人应少量使用。

## 肽

肽是两个或两个以上的氨基酸组合而成的，它们就像一块块蛋白质拼图一样。当某些肽相互连接时，就会形成不同类型的蛋白质。肽天然存在于皮肤中，护肤品中的肽被视为皮肤蛋白质的后备军，可以使皮肤看起来更加健康和强韧。

肽可以向真皮发送信号，执行多项任务，包括增加胶原蛋白，这使其成为重要的抗衰老成分。

肽可用于解决皮肤老化的问题。

注意：某些（而非全部）肽来自大豆或大米，如果你对这些食物过敏，最好避免使用含有这类成分的护肤产品。如果你对氨基酸过敏，就不要使用含肽的产品。

## 美白剂

我这里说的美白剂不是能使皮肤看起来更白的成分，而是致力于解决色素沉着问题并让你的气色看起来更好的成分。

### 曲酸

曲酸是一种酪氨酸酶抑制剂，它可以阻止酪氨酸酶（一种促进皮肤产生黑色素的酶）的产生。在一些应对色素沉着问题的护肤产品中，我们能够发现曲酸成分。

曲酸适用于缓解色素沉着问题，例如炎症后色素沉着、老年斑、黄褐斑等问题。

注意，有的曲酸成分是从蘑菇中提取的，如果你对蘑菇过敏，就不要使用含有该成分的护肤品。

## 甘草根提取物

甘草根提取物既是酪氨酸酶抑制剂，又是色素合成抑制剂，它可以通过抑制酪氨酸酶的生成来阻止色素沉淀。

甘草根提取物适用于缓解和预防色素沉着问题，保护皮肤免受自由基损害，提亮肤色，延缓皮肤衰老。

注意，对甘草过敏的人不能使用含有该成分的护肤品。

## 维生素B$_3$

维生素B$_3$是一种水溶性维生素，已被证明可以抑制黑素体在皮肤内的移动。它也可以阻止皮肤色素沉着，例如老年斑和痘印，并提升皮肤亮度。

实验证明，维生素B$_3$还能预防毛孔堵塞，改善皮肤结构，防止暗纹和细纹的出现，使皮肤变得光滑。

维生素B$_3$有提亮肤色、消除色素沉着、使皮肤平滑、改善肤色不均的功效，对毛孔粗大也有一定的修复作用。

# 最佳的天然护肤成分

## 椰子油

可用于预清洁、保湿，含有维生素，是天然的保湿剂。

## 荷荷巴油

这是一种来自墨西哥原生植物荷荷巴的天然保湿成分，富含维生素和矿物质，适用于敏感性皮肤。

## 月见草油

它能修复发炎的皮肤，并帮助皮肤锁住水分，对干性皮肤的人及患有湿疹或银屑病的人十分有益。

## 芦荟

它是一种出色的保湿剂，具有舒缓、镇定皮肤的作用。

## 薰衣草

它可以帮助皮肤恢复活力，但可能会导致皮肤发生光敏反应。

## 不建议使用的护肤产品

- 粗糙的磨砂膏。它们对皮肤而言太过粗糙，可能会让皮肤变得更加敏感。

- 眼霜。有些眼霜产品对眼部皮肤没有任何特别的用处，买眼霜实际上是在浪费钱。

- 撕拉面膜。它们真的会剥去最上层的皮肤，顺便给脸脱一次毛。切记不要用竹炭面膜。

- 黑头鼻贴。它们不能清洁毛孔，只是清除了皮脂腺丝，所以这类产品无法解决黑头粉刺问题。避免黑头粉刺的最佳方法是去角质，并认真完成日常护肤流程。

- 洁肤湿巾。虽然它们用起来很方便，看似能快速卸妆，但事实上对皮肤很不好。

- 黏稠到无法渗入皮肤的面霜。如果涂完几分钟后，面霜还停留在你的皮肤表层，并泛着油光，就说明面霜太黏稠了，不适合你的皮肤。

- 各大护肤品牌总鼓励人们使用同系列产品，但这些产品的成分大多是重复的。例如某个护肤品牌推出了祛痘系列产品，这往往意味着它的每种产品都含有水杨酸或茶树油成分。使用成分重复的产品可不是一件好事，因为针对你的皮肤的多种需求，你需要用多种成分来满足它。例如，某些成分可以祛痘，某些成分可以保湿，还有些成分可以保护皮肤免受自由基损害，等等。所以，不要同时使用多种成分类似的护肤产品。

## 护肤日记自测题

查看上文中介绍的各种成分，记录下可以帮助你解决各种皮肤问题的成分。

然后，查看一下你当前使用的各种护肤产品的成分表，并判断你用的这些产品及其成分是不是你真正需要的。

## 药妆产品和非处方产品

在选择合适的护肤产品时，你还需要了解药妆产品和非处方产品的区别。

药妆是化妆品和药品这两个词的组合产物，合格的药妆产品应该含有足够的活性成分，可以渗透到皮肤下层并发生作用，比如对抗细菌或促进胶原蛋白产生。在销售药妆产品的过程中，顾客应该被充分告知使用方法和功效。我建议你在使用这类产品前，先去咨询专业人士的意见。

非处方护肤品不包含可能导致皮肤发生变化的活性成分，你无须咨询医师就能购得这类产品。这类产品可以舒缓、镇定皮肤，应对皮肤可能出现的各种问题，以及提升皮肤保护层的功能。

购买非处方护肤品时，请不要选择包含大量酒精、合成香精和天然香精的产品。与此同时，要综合考虑这类产品的特定成分含量、使用原因及产品的有效性。

在我看来，药妆产品要优于一般的护肤产品，它们更有助于促进皮肤发生长期可量化的变化。

但是，药妆产品在使用初期可能会引起刺激性反应，所以你应该从小剂量着手并逐渐加量。而且，药妆产品价格不菲。综合考虑各种因素，我建议你遵循医生的意见来选择并使用药妆产品。

## 天然产品和化学产品

天然产品是指不含化学成分、对羟基苯甲酸酯、酒精或合成香料的产品。天然产品包含植物提取物和水果提取物，通常还包含精油。

对于天然产品和化学产品的具体范围，没有统一的界定，这就成了问题所在。如果某种产品的成分表中包含某种大然物质，这种产品通常就会被视为天然产品。

有不少人认为天然成分要优于化学成分。薰衣草、茶树和依兰等含有的天然成分具有不可否认的好处，但这些成分能被你的皮肤自然吸收吗？由此可见，天然成分并不意味着最佳选择。

根据我的专业经验，许多天然产品也会对皮肤产生刺激。事实证明，金缕梅和茶树油等天然成分对皮肤有好处，但它们使用起来非常干涩，大剂量使用的话会引起皮肤干燥。值得注意的是，它们在皮肤中不是天然存在的，而神经酰胺、角鲨烷、透明质酸、维生素A、胶原蛋白、氨基酸和肽则天然存在于皮肤或人体内。简而言之，不要被"化学"这个词所困扰，也不要被"天然"的事物所蒙骗。

许多人喜欢采用DIY（自己动手制作）护肤方法，例如用柠檬汁来淡化色斑。但事实上，柠檬汁的酸度太高了，是不能直接涂在皮肤上的。这样的酸度不但可能会刺激你的皮肤，对保湿也没什么用。将维生素C胶囊中的液体涂抹在皮肤上，与使用维生素C精华液是不同的，因为前者的维生素C分子太大，根本无法渗透到皮肤中。同理，菠萝所含的酶有去角质的作用，但这并不意味着你可以直接把菠萝汁涂抹在脸上。

一些天然护肤品牌都致力于将化学成分降至最低，并且采取了可以舒缓皮肤的配方。也有一些天然护肤品牌把果汁当作精华液出售，还标榜他们的产品不会对皮肤产生刺激，但现实情况可能恰恰相反。

给大家提个醒，精油对很多人的皮肤都有刺激性，柠檬烯（柠檬皮的成分之一）等天然成分也会刺激皮肤。

## 坚持多久才能看到效果？

这个问题的答案取决于产品本身。例如，祛斑比解决其他皮肤问题需要耗费更长的时间（对于某些品牌，可能要花6个月的时间才能看到显著效果，并且要因人而异）。通常来说，需要坚持28天才能看到可测量的护肤效果，需要坚持两个月才能看到显著的护肤效果。

### 要花多长时间才能知道某种产品或成分是否有效？

这个问题的答案取决于产品类型。你通常会在一到两个星期内看到酸的使用效果，维生素C需要8个星期左右，维生素A则需要4~8个星期。抗氧化剂的效果不可能是立竿见影的，但有望在将来显现出来。如果你的护肤程序已经坚持了8个星期，却没有取得显著效果，请认真检查所用产品的成分。这时，记护肤日记的好处就显现出来了，拍照、定期记录，可以帮助你对认真护肤一个月以后的效果进行客观评估。

## 如果出现问题怎么办？

某些产品可能会引发新的皮肤问题，可以肯定的是皮肤的确会对以前未接触过的成分产生反应。例如，刚一开始使用含有维生素A的护肤产品时，皮肤可能会发红，有干燥和刺激的感觉，有些人甚至会冒出令人烦恼的痘痘。使用两到四个星期后，上述皮肤反应就会慢慢消失。

使用酸类护肤品后，皮肤可能会有刺痛感，这是正常的。但如果你的疼痛程度达到0.5，就不要继续使用这类产品了。

如果你使用某种护肤产品后，皮肤上出现了斑点、发红或产生了刺激性反应，而且两个星期内都没有消失，就不要继续使用该产品了，并去咨询专业人士的意见。

不要在皮肤有破损的情况下使用酸类产品，使用这类产品时还要远离嘴唇，避免酸对嘴唇产生刺激。

## 护肤趋势

下面我们来探究你会遇到的一些护肤潮流或趋势，并告诉你其中哪些值得关注，而哪些无须理睬。

### 韩式护肤产品

几年前，韩式护肤席卷了时尚界，并成为主流。

韩式护肤程序以每晚 10~17 个步骤而闻名，尽管这对大多数人而言可能太多了，但我们也可以从中汲取不少有用的东西。

### 韩式护肤程序

#### 1.预清洁

韩国人喜欢在这一步使用卸妆油、卸妆膏或卸妆乳。他们用双手轻蘸一点卸妆油，在脸部均匀、缓慢地涂抹，然后用一块温暖的面巾轻轻擦拭干净。

#### 2.清洁

韩国人坚信应在卸妆后用泡沫洁面乳彻底清洁面部，这是因为做预清洁时使用的卸妆油可以阻止洁面乳的泡沫从皮肤上吸走过多的水分。与此同时，泡沫会将化妆品或油脂的残留物清除掉。

### 3.去角质

对许多人来说，这个步骤不属于日常的护肤程序。韩国人也明白，每天都用酸类护肤品对皮肤无益，所以他们每个星期最多去角质1~3次。他们用乳液或预先浸泡过的洁肤片去角质，洁肤片往往含有酸或酶，有助于保持细胞更新的速度，抑制暗纹的形成。多数韩国人都不喜欢用面部磨砂膏，而喜欢以轻柔的方式对待皮肤，这一点我也十分赞同。

### 4.爽肤水

韩国人对爽肤水的理解与西方人不同。西方人一般用爽肤水来收敛皮肤，其酸性成分可能会使皮肤变得干燥。但韩国人的爽肤水具有舒缓和保湿作用，含有植物精华。韩国人还使用爽肤水促进皮肤吸收精华液中的所有有益成分。

### 5.精华素

精华素是韩国护肤品中的一种独特的产品，它们本质上是稀释的精华液或安瓶。精华素通常包含有助于促进皮肤细胞更新的成分，可以让人拥有更加柔和的肤色。在韩国护肤体系中，你经常会看到用精华素进行典型的祛斑治疗。我发现，有些人在日常皮肤护理程序中开启祛斑步骤的时机不对，要么太早，要么太晚。其实在使用爽肤水之后和使用精华液之前，就应该使用专门的祛斑精华素。

### 6.精华液

韩国人会使用精华液解决特定的问题，例如痤疮、色素沉着、发红或脱水。在许多情况下，他们用精华液是为了达到某种特定护肤目的，而不仅仅是为了保湿。

### 7.面膜

说到韩式护肤，无论如何都避不开面膜这个话题。韩国人热衷于敷面膜这种皮肤护理方式，平均每周要使用两三次。

这些面膜通常浸泡在高浓度的精华液中，它们的好处是，在你敷上后，其中的精华液和营养成分能渗透到你的皮肤中。

而且，韩国人的面膜是针对特定的皮肤问题设计的。例如，在冬季，韩国的护肤品柜台里会摆满各种保湿面膜；而在夏季，洁肤面膜成为首选，为的是解决与出汗有关的毛孔堵塞问题。

### 8.眼霜

跟西方人一样，韩国人使用眼霜的目的是解决黑眼圈、细纹等问题，以及对抗眼周皮肤的衰老。不同之处在于，韩国人使用眼霜时不会拉扯眼部皮肤，而是用无名指轻轻按摩眼周皮肤，让眼霜得到充分吸收。

### 9.保湿霜/保湿乳液

韩国护肤品中的保湿霜或保湿乳液的目的是帮助皮肤保湿，锁住其他护肤品的营养成分，形成皮肤保护层。但在我看来，保湿霜或保湿乳液没有使用的必要，因为大多数精华液都有类似的成分和作用。

10.防晒霜

韩国人特别注重保护皮肤免受长波紫外线和中波紫外线的损伤，这一点我十分认同。韩国防晒霜绝大多数都易于被皮肤吸收，具有令人舒适的黏稠度，非常适合上班族使用。而且，它们大多兼具防护污染和紫外线的功能。

## 韩国护肤品的使用方法

韩国人喜欢把护肤品轻轻拍入皮肤，而不会揉搓或拉扯皮肤。这种做法也有利于促进血液循环，让人看起来气色更好。

我认为轻拍、按摩皮肤可帮助脸部肌肉放松。在晚间护肤程序中，这样做也有助于消除脸部肌肉中的乳酸。

## 如何给自己做面部按摩

给自己做面部按摩，听起来难但做起来容易。你可以先将头发拢起来，再把手彻底洗干净，然后对面部皮肤进行双重清洁。做面部按摩时，我建议你使用天然的植物基底油，比如椰子油、荷荷巴油或专门的精油，你也可以使用精华液。

我会从颈部开始向上按摩。

第一步，慢慢移动手掌来温暖脸部。

第二步，用手指的扁平指腹依次揉压脸部。

第三步，使用轻叩式按摩法，由下向上轻轻点弹皮肤，中指和无名指的指腹交替进行。注意，这一步操作应该尽快完成。

第四步，重复上述步骤，直到你的脸部微微发热、泛红。

第五步，当接近眼周区域时，按摩动作要更加轻柔，用无名指的指腹轻轻向外打圈至太阳穴。注意，不要引起脸部肌肉组织的移动。

第六步，用拇指或无名指的指腹尝试在距离每个鼻孔约两个指尖的位置，找到面部骨骼的扁平部分，向下按摩以释放面部压力并缓解水肿。

第七步，涂抹护肤品后上床睡觉。

## 玉石按摩

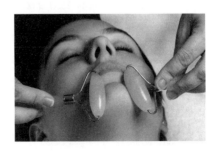

玉石按摩有助于促进淋巴排毒，舒缓皮肤，减少水肿，改善血液循环，使人焕发光彩。玉石的质地十分光

滑，不会损伤皮肤，按摩前在脸部抹上精油或精华液，然后轻轻按摩即可。从脸的中部到下巴向外按摩，如果有时间，你每天都可以做玉石按摩，只要坚持，就会有效果。

## 竹炭面膜

你可能在社交媒体上见过某些名人、明星脸上敷着竹炭面膜的图片。炭被激活后，就会变得像海绵一样多孔，而且表面积越来越大，可以从毛孔中吸出油脂和细胞碎屑。如果竹炭面膜中的活性炭含量很高，它的效果将非常显著。但如果在面膜的成分表里活性炭的含量垫底，它的效果就会很一般。需要注意的是，如果你取下面膜后，脸部有仿佛脱了一层皮的感觉，就不要再使用这类产品了。

## 泡泡面膜

泡泡面膜的外观及使用方法与传统的黏土面膜类似。把泡泡面膜敷到脸上 5 分钟内，它就会变得蓬松、起泡，像灰色的云朵一样。泡泡面膜之所以会起泡，与全氟化碳可以溶解氧气的特性有关。包装时，制造商将氧气吹入面膜并将其加压锁定。当你将面膜敷在脸上时，进入面膜的氧气会变成气态并产生气泡。

泡泡面膜会向皮肤表层注入氧气，改善血液循环，帮助皮肤细胞吸收营养物质。

　　像其他所有面膜一样，泡泡面膜的效果如何，取决于其具体成分。不过，面部护理因人而异，如果你喜欢某种成分或护肤程序，为什么不尽情享受呢？

　　泡泡面膜还涉及氧化的问题。不过，每周一次（或更低的频率）将少量的氧气添加到皮肤中，可能也不至于造成皮肤氧化的问题。

## 家用LED面膜

　　LED面膜是一种高科技的塑料面膜，其内部装有LED面板或灯泡。每天将LED面膜戴在脸上约10分钟，就可以完成面部护理工作。

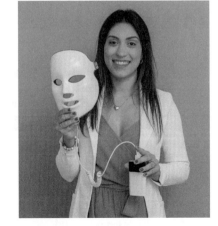

　　首尔国家医学中心的李素胤于2007年进行了家用LED面膜的有效性研究，他发现在12周的时间内，每天使用可使炎症性痤疮改善24.4%。而某家诊所进行的LED光疗法研究表示，在一项为期8周的研究中，

这种治疗减少了 77.9% 的炎症性痤疮。两相比较，可以知道 LED 面膜的疗效差异较大。

最重要的是，它们必须每天使用 10 分钟。为了能减少 24.4% 的痤疮发病率，每天花这些时间值得吗？我想这取决于个人。可以肯定的是家用面膜是有效的，与专业的 LED 疗法相比，这无疑是一种更经济高效的方法。

## 专业皮肤护理

在日常皮肤护理的基础上，专业皮肤护理有助于你更快地实现显著的护肤效果，尤其是在你的皮肤问题比较严重的情况下。如果你近期有特定的行程安排，比如毕业或婚期临近，你需要让自己的皮肤达到某种状态，专业皮肤护理可以为你提供很大的帮助。

所以，现在的问题是：你需要到美容院去护肤吗？答案是肯定的。你可能存在护肤过度的问题吗？答案也是肯定的，比如去角质。提醒一下，你需要先咨询专业的护肤专家的意见，再去美容院。

下面我介绍几种专业的皮肤护理方法：

### 水飞梭疗法

水飞梭是一种包含多个步骤的高级护肤程序，几乎适合所有皮肤类型。它的去角质步骤是：先使用乙醇酸和水杨酸去角质，再使用真空导入式果酸精华液为皮肤保湿。在我看来，这是一种十分有效的护肤程序，而且方便快捷。

就这种疗法而言，一开始的去角质是关键，因为它可以去除死皮细胞，为接下来皮肤充分吸收真空导入式精华液扫清了障碍。从毛孔中抽出代谢废物的过程，可以促进淋巴排毒和血液循环，有利于皮肤细胞再生。这种方法的使用不需要间隔期。它能让你的皮肤柔软舒适，水润光滑，并且所有黑头粉刺都会消失。

这种方法适用于皮肤松弛、睡眠不足的人，但它不适用于皮肤敏感的人，也不适用于处在痤疮爆发期的人，否则可能会传播细菌、导致感染。

## 微针疗法

它通过将直径为 1~1.5 毫米的细针刺入真皮并引起微创伤和微裂，可以触发胶原蛋白生成等一系列反应。这是做皮肤护理、按摩或服用营养素补充剂都无法做到的事，因此，对胶原蛋白或弹性蛋白不足（如毛孔粗大、下巴皮肤松弛、眼周皮肤松弛、有抬头纹和毛细血管破裂）的人来说，这是一种有效的治疗方法。

微针疗法需要按照疗程进行，一个疗程通常包含 3~6 次治疗，两次治疗需要间隔一个月到一个半月。

这是一种经过了时间检验的疗法，但并非所有美容治疗师都能掌握这种疗法。如果操作不当，不但不会触发胶原蛋白的生成，有时还会造成皮肤出血的情况。因此，请一定谨慎选择你的微针治疗师，做完充分的调研再着手进行微针治疗。

## 美塑疗法

人们常常把它与微针疗法混为一谈。两者的区别在于，美塑疗法使用的是0.5毫米直径的针头，未必能到达真皮层，更多的是在皮肤表层形成通道，使透明质酸等大分子渗入皮肤。

美塑疗法更适用于熟龄皮肤，因为透明质酸通常会使皮肤充盈且看起来更年轻。该疗法对干燥、脱水的皮肤及暗沉、松弛的皮肤有一定的改善效果。

## LED疗法

该疗法最初是由NASA（美国国家航空航天局）研发出来的，当时他们正在研究光会如何影响植物的生长。

LED疗法是低水平光疗法（LLLT）的一种形式。皮肤作为一种器官，比其他身体器官对光的反应都更敏感，并且会对特定波长的光产生令人难以置信的良好反应。皮肤可以吸收光并将其转化成能量，用于促进细胞更新和淋巴排毒。细胞更新频率越高，皮肤健康状况就越好。淋巴排毒可以消除身体水肿，让皮肤焕发光彩，防止眼袋出现。

尽管LED疗法直接作用于真皮层，但其实皮肤整体都会受益，因此它是嫩肤的不错选择。

LED疗法有三种类型的光：蓝光、红光和近红外光。它们各司其职，只为了更好地修复皮肤。

### 蓝光

事实证明，蓝光可以成功杀死痤疮丙酸杆菌（一种生活在皮肤上的痤疮细菌），还可以减轻刺激性反应和炎症。

使用蓝光治疗痤疮是有效的，因为它无须接触皮肤，适用于遭受过创伤的皮肤（由强力去角质、微晶换肤术或粗暴剥离造成）或敏感性皮肤。

### 红光

当红光照射到皮肤上时，它可以激发成纤维细胞，而成纤维细胞是构成皮肤结缔组织和合成胶原蛋白的细胞。对那些想要抗衰老、改善肤色和肤质的人来说，红光的介入可能会带来根本性的改变。在痤疮治疗中可以让其与蓝光配合使用，蓝光与活跃在皮肤表层的狡猾敌人斗争，红光则能使躲在暗处的敌人现形。红灯还可以杀死细菌、减轻炎症和肿胀，达到祛斑效果。

## 近红外光

近红外光可以深入皮肤，促进皮肤产生胶原蛋白，修复皮肤损伤，对抗皮肤老化。

LED疗法适用于每个人，对皮肤的积极作用会持续存在。但它与水飞梭疗法不同，你需要做完几个疗程才能看到显著的效果，尤其是治疗痤疮和合成胶原蛋白（可能需要4~10个疗程）。每月做一次的效果很不明显，我建议增加治疗的频次，例如每周一次。

## 强脉冲光疗法

它是一种让多种波长的光照射在皮肤上的治疗方法，适用于解决发红、毛细血管破裂、日晒或粉刺引起的色素沉着及皮肤老化等问题，还能促进胶原蛋白的产生。

强脉冲光疗法以特定皮肤区域为目标，发出针对色素沉着的光。光会破坏引起皮肤问题的组织，之后这些组织会被代谢掉。

你在接受强脉冲光治疗后，需要使用冷感啫喱，治疗仪本身也要有冷却功能，否则你就会有强烈的灼烧感。

但如果用它治疗红肿、毛细血管破裂等问题，就不能使用冷感啫喱，否则就会使治疗无效，你的皮肤也只能承受这种灼烧感。

当用该疗法解决色素沉着问题时，可以使用冷却机制，患者会感觉较为舒适。

对于色素沉着的治疗，根据严重程度，通常需要4个疗程；对于红肿和毛细血管破裂的治疗，通常需要5个疗程。

## 肌肉电刺激疗法

它是一种用微电流刺激面部肌肉的疗法，微电流促使面部肌肉进行间歇性收缩和放松。

没有哪种护肤品可以直接触达真皮层，接近肌肉就更难了。但是，强健的肌肉可以支撑面部皮肤，使其看起来丰盈、年轻、紧致。

该疗法适用于熟龄的皮肤，对25岁以上的人来说可以起到抗衰老作用。但怀孕、有癫痫或体内装有起搏器的人不能使用这种疗法。

## 超声刀疗法

它是一种非侵入性临床治疗方法，它将定向超声波束发射到皮下，在不同深度加热皮肤组织，触发胶原蛋白合成等级联反应，最终达到修复伤口的目的。

面部表浅肌肉腱膜系统将人体的真皮和表皮连接起来，超声刀疗法针对的正是这一系统，它可以触发胶原蛋白和弹性蛋白的合成，让皮肤变得丰盈饱满。

超声刀疗法适用于颈纹深、面部皮肤下垂的人。它有很强的针对性，可以穿过皮肤各层而不造成伤害，也不需要治疗间隔期，每次治疗时长为60~90分钟。

## 离子导入技术

它将电脉冲射入皮肤，帮助水溶性护肤产品充分渗透到皮肤中。这种疗法之所以能起作用，主要归因于产品中正负离子（电荷）的运动。并非所有产品都带电荷或能够导电，例如油类护肤产品和成分就不能用于离子导入技术。

市面上有很多精华液和啫喱可用于离子导入技术，两者互相作用，涂在皮肤表层的精华液通过离子导入技术被推入皮肤深层。

这种疗法可以促进血液循环和血管舒张，几乎适用于所有人，但基于各种原因无法通电的人除外。为安全起见，治疗前先确定自己是否适合采取这种疗法。

## 高频电疗法

利用这种方法可以操控电极在皮肤上缓慢移动，并加热皮下组织。该疗法使用两种高频电流，即高频直流电和高频交流电。高频交流电能改善血液循环，使更多的营养素和氧气进入皮肤细胞，也可以提高新陈代谢率，还可以促进皮肤血管舒张。高频直流电具有杀菌和收敛性作用，是油性皮肤和易长粉刺皮肤的理想选择。

## 化学剥脱术

该疗法能促使死皮细胞以更快的速度脱落，但用后皮肤通常会发红。

这种方法使用高浓度的酸溶液，将其涂在皮肤上并停留几分钟。与治疗前相比，治疗后的皮肤得到了彻底清洁，需要抹上一层防晒霜再回家。

该疗法可能用到的酸包括乙醇酸、乳酸或水杨酸。其中，乙醇酸适用于肤色暗沉无光或希望解决色素沉着问题的人，乳酸适用于干性皮肤和敏感性皮肤，水杨酸适用于想祛斑、收缩毛孔或去除痘印的人。

总之，化学剥脱术可以解决色素沉着、肤色暗沉、粉刺、衰老、色斑和疤痕等问题。结束治疗时，你的皮肤可能会发红、有轻微刺激感或肿胀。所以，在接下来的8个小时内你不能化妆，连防晒霜也要谨慎使用，尽管我们每天都应该涂抹防晒霜。

依据皮肤的不同状况，通常需要做4~6次治疗，才能获得显著效果。

## 面部水疗效果怎么样?

水疗也是一种重要的护肤方法，由于偏重于按摩和芳香疗法，它更是一种令人放松的体验，有助于皮肤摆脱压力、恢复活力。身心放松对于皮肤的健康很重要，我们在前文中讨论过压力对皮肤的负面影响，所以我们不应该错过任何一个有助于减轻或摆脱压力的机会。但是，面部水疗无法进行深层次的皮肤护理。如果使用酸性物质，它就可以促进皮肤细胞更新和淋巴排毒，也可以去角质。但面部水疗的效果仅限于此。

## 寻找治疗师

如果没有取得美容疗法或高级皮肤护理方面的专业资格认证，就不能做美容治疗师或创建美容机构。如果你正在考虑的某家美容机构不太有名，但还是想尝试一下，那就一定要和他们进行充分的沟通，让他们充分了解你过去和现在的皮肤状况，以及未来的目标。

好的美容治疗师会认真倾听你的讲述，而不只是向你推销各种护肤品和治疗方法。如果他只是简单地了解到你的皮肤类型是油性的，就直接建议你使用水杨酸洁面乳，这就算不上有效的咨询。完整有效的咨询应该包括如下问题：你何时皮肤会比较油腻？你最近的生活状况是否出现了什么突发性变化？你近期的皮肤状况有何变化？是否出现过角质脱落及其他问题？关键就在于，美容治疗师是否根据你的皮肤状况和生活节奏，帮你确定护肤需要集中解决的问题及其顺序，而不只是简单地和你商定具体的护肤时间表。作为客户，你本来就有权了解更多关于护肤的真相。

第 10 课

# 全身皮肤的护理

希望我没有给你留下一个错误的印象，那就是护肤只和脸有关。其实，护肤关乎整个身体。我们不仅要关注脸部护肤，也要关注其他身体部位的皮肤健康。接下来，我们来讨论除了脸部以外身体部位的护肤方法及注意事项。

## 颈部和肩背部

首先，我们需要明确一个问题：我们是否该像护理面部皮肤一样护理颈部和胸部的皮肤？

答案是肯定的。也就是说，如果给予足够的呵护，颈部、胸部和肩背部的组织就可以抵抗时间和重力的影响。因此，护肤时请不要忘记这一点。与

其他身体部位相比，脸部、颈部和肩背部的皮肤更薄、更细腻，它们时常暴露在阳光下，应该得到更好的护理。

# 手

由于我们通常不会在手上使用防晒霜、抗氧化剂或其他护肤产品，所以双手很容易暴露我们的实际年龄。我的建议是，你在护理脸部、颈部和肩背部皮肤的时候，也可以在手背上涂抹适量护肤品，包括防晒霜。

如果你想进一步护理手部皮肤，请使用酸性护手霜，它会让你的手部皮肤变得柔软、有弹性。对于已经有衰老迹象的手，你可以采取光子嫩肤护理程序。做家务时，也要尽量戴上手套。

# 嘴唇

嘴唇也需要护理，我们应该每天涂防晒润唇膏，并用椰子油和精制糖的混合物温和地去除唇部的角质。唇疱疹患者在擦洗唇部时应十分小心，因为嘴唇的物理损伤可能会引发唇疱疹。L–赖氨酸补充剂对唇疱疹有效，但如果你经常发生唇疱疹，还是建议去医院看医生。

大多数精华液都可以涂抹在嘴唇上，但如果唇疱疹发作，就不要在嘴唇上使用酸性护肤品，因为酸性护肤品可能会触发疱疹。我们会下意识地舔嘴唇，并吃掉唇膏，所以还是要注意一下。

## 身体其他部位

全身皮肤护理可通过服用补充剂和给全身去角质这两种方式来完成。酸类去角质剂对躯干和胸部以上的皮肤来说同样重要，尤其是那些身上有斑点和患毛囊角化病的人。

你应该去除全身的角质，那些无法用酸类去角质剂的部位除外。但我不主张你进行搓洗，因为物理去角质会导致皮肤发生微撕裂，还是选择酸类或酶类去角质产品比较好。

你可以每周给自己的身体去一次或两次角质，这样的频率足够了。

## 什么是毛囊角化病？

毛囊角化病通常发生在手臂的后部，但也可以出现在身体的其他部位。从外观上看，患处布满了粉红色或肉色的小点。

女性和儿童更容易患这种皮肤病。如果毛孔内的角蛋白过量，它们就会淤积在那里，而不像正常情况下那样随着脱落的死皮细胞向皮肤表层移动。这会导致毛孔堵塞，最终引发毛囊角化病。

不幸的是，一旦你患上了毛囊角化病，那么它将伴随你一生。

口服维生素 A 和欧米茄可能是缓解毛囊角化病的良方。维生素 A 有助于纠正角质化过程，通过减慢皮肤去除死皮细胞的速度来阻止毛孔堵塞，这样一来皮肤细胞发挥作用的时间就会变得更长了。

乙醇酸具有分解角质的作用，它可以软化角蛋白并帮助人体去除死皮细胞。水杨酸有助于溶解死皮细胞，乳酸也有一定的效果。

保湿和保持皮肤健康是防止毛囊角化病的关键，因此许多人使用富含维生素和透明质酸的乳液来预防毛囊角化病。

## 脂肪团

当提及全身皮肤问题时，由皮下脂肪团引起的橘皮纹可能是大多数人最担心的问题。

与普通的看法相反，脂肪团的存在是一件再正常不过的事了。而它在女性当中尤为常见，主要是出于生理构造方面的原因。女性的结缔组织位于皮下脂肪上方，其开口较大，使得脂肪团更容易通过。脂肪团常见于大腿、腹部和腰部，而这些都是女性容易发胖的部位。

## 脂肪团的等级

　　1 级：即使拨弄皮肤，也无法看见脂肪团。

　　2 级：当皮肤被挤压或揉搓在一处时，可以看见脂肪团，但当你站直时，则无法看见脂肪团。

　　3 级：站立时可以看到脂肪团，而平躺时则看不见。

　　4 级：橘皮纹清晰可见，脂肪团明显，挤压皮肤时更加明显。

　　人体无法自行消除脂肪团，这是很多人不愿意听到的坏消息。但好消息是，你可以做一些改善其外观的事情，包括干刷身体和按摩。

　　干刷身体可以改善血液循环、促进淋巴排毒和帮助皮肤保湿。它不会消除脂肪团，但会使脂肪团变得不那么明显。

　　记住，任何声称能消除脂肪团的乳霜都是在骗人。

　　按摩可以促进淋巴排毒和血液循环，刺激人体自身产生胶原蛋白，有助于减少脂肪团的出现。

### 你还能做些什么？

我们可能不愿意接受这个事实，但保持皮肤紧致确实有助于减少脂肪团的出现。每周锻炼两到三次，每天步行20分钟，有助于加速淋巴系统的运转并改善血液循环。

虽然吃富含抗氧化剂、维生素和矿物质的健康食品不能直接避免脂肪团的出现，但它们能使我们身体里的胶原蛋白发挥出最大作用，让皮肤细胞做好自我保护。结缔组织需要蛋白质的供养，因此我们要从饮食中摄取足够的蛋白质。

你可以将食物视为燃料，进入人体内的物质能决定皮肤的外观，因此你要努力吃得健康，尽量少吃或不吃加工食品。

第 11 课

# 特殊场合的护肤流程

## 适合特殊场合的护肤流程

除了坚持做好日常皮肤护理之外，还有一些特殊场合（尤其是婚礼前夕），需要我们增加一些额外的护肤步骤。虽然我在下文中以准备婚礼作为示例，但是这些步骤可以用作任何大型活动前的护肤程序。

### 什么时候开始

在选定服装的同时，你就可以开启特殊的皮肤护理程序了。如果等到大日子到来前的6个星期才开始考虑改善自己的皮肤，很可能就来不及了。

如果你要解决的是顽固的皮肤问题，例如色素沉着，就需要预留出更长的时间，至少需要6个月。

皮肤的更新周期通常为一个月，一些护肤品的使用效果要经过若干个周期才能显现出来。

## 护肤的禁忌

很多人因为婚期将至就把各种护肤品一股脑儿地用上，千万不要这样。酸有加快皮肤更新速度的作用，但过度使用会损害皮肤的保护层，导致脱皮、发红，甚至疼痛。

如果你正在考虑使用微针疗法来改善皮肤暗沉、松弛、细纹、疤痕和色素沉着等问题，那你应该提前6个月开始做。就化学剥脱术和强脉冲光疗法而言，提前三个月就够了。记住，请勿在婚礼前的一个月内尝试任何新的皮肤护理程序，也不要在日常护肤程序中加入任何新产品或新成分。

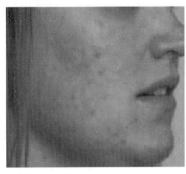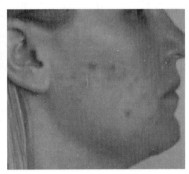

有些人意识不到自己的皮肤需要额外的呵护。图中这位女士希望婚礼时她的皮肤更光滑、丰润，第二张照片表明婚礼临近时她的皮肤看起来确实更健康了

在重要活动开始前的两个月内，请保持你的常规护肤程序，不要做出任何改变。

万一你在这段时间内尝试的新产品不适合你，引起了不良反

应或对皮肤的保护层造成了伤害，就会让费心筹备婚礼的你压力
倍增。

## 应该做出哪些改变？

　　筹备婚礼会让人非常忙碌，因此一定要注意补充多种维生
素。每天服用1 000毫克维生素C来预防感冒，同时增强毛细血
管壁。皮肤上哪怕出现一点儿毛细血管破裂的迹象，也会在摄像
机的高清镜头下一览无余。我还建议你服用L–赖氨酸，它可以
帮助你预防唇疱疹。

　　从补充剂或鱼肝油中摄取欧米茄，这种营养成分能让你的身
体保持柔软，减少炎症，缓解压力。如果你还没有找到适合自己
的皮肤护理方案，那么应该在距离婚礼还有6个月的时候，通过
咨询专业人士制订一套适合你的皮肤护理方案。

| 婚礼筹备期间的皮肤护理时间表 | |
| --- | --- |
| 婚礼倒计时12个月 | • 咨询专业的美容治疗师。<br>• 服用维生素A、欧米茄和维生素C补充剂，并使用活性护肤品。<br>• 如果你希望通过一系列治疗解决所有皮肤问题，那么请你马上行动起来。之后使用防晒霜和酪氨酸酶抑制剂来保护皮肤，一直坚持到婚礼那天 |

| | |
|---|---|
| 婚礼倒计时 9 个月 | • 就日常护肤程序进行后续咨询。<br>• 如果你想改变护肤程序，或者想尝试新的护肤品，现在是时候讨论一下了 |
| 婚礼倒计时 6 个月 | • 如果你想采取微针疗法，现在可以行动了 |
| 婚礼倒计时 3 个月 | • 现在是开启化学剥脱术和强脉冲光疗法的良机。对你的肩背部、上臂、后背及穿上礼服后可能裸露在外的其他身体部位的皮肤进行额外的护理。<br>• 此时不要再改变你的日常护肤程序了。<br>• 如果你准备脱毛，现在是时候了 |
| 婚礼倒计时 1 个月 | • 千万不要改变你的日常护肤程序，除了添加透明质酸产品。<br>• 减少糖的摄入。<br>• 不要挤压痘痘，防止可能出现的发炎和色素沉着问题。<br>• 如果你一直没有开始准备，现在开始还不算晚。你可以使用酸类去角质产品，并精心护理全身的皮肤 |
| 婚礼倒计时 1 个星期 | • 不要做任何激光治疗。<br>• 至少到此时应完成脱毛。<br>• 美黑喷雾应提前两天喷好，并使用酸类乳液完成去角质。<br>• 定期使用透明质酸，让皮肤保持充盈亮泽。<br>• 做好双手护理，因为在迎宾处、照片中及交换戒指和抛出新娘捧花时，你的双手都会是全场的焦点 |
| 婚礼前夜 | • 暂停常规的祛痘治疗，避免痘痘脱落。<br>• 在结痂或斑点处涂抹上厚厚的一层温和且保湿的产品。<br>• 如果你平常就敷面膜，此时也要坚持。<br>• 多喝水。<br>• 保证充足的睡眠 |

（续表）

| | |
|---|---|
| 婚礼当天 | • 使用温和的洁面乳。<br>• 涂抹有镇静皮肤功效的精华液<br>• 用冰冷的勺子敷眼睛，使血管收缩，暂时缓解眼袋问题。<br>• 如果你有肌肉电刺激仪，请在伴娘们梳妆打扮的时候使用。<br>• 上妆前，先涂一层黏稠的精华液或防晒霜，使妆容更持久。<br>• 享受美丽的皮肤和美好的一天 |

## 给你的皮肤放个假

遗憾的是，护肤没有假期可言。下面的这些技巧可以帮助你外出时更好地护理皮肤。

### 旅行前和旅途中

• 出发前，记得补充欧米茄来帮助保持皮肤的水分。水润充盈的皮肤可以抵挡空调和其他不良因素的影响。

• 使用补水喷雾让皮肤在整个旅途中保持充足的水分。

• 将你喜欢用的补水面膜倒到一个旅行护肤品分装瓶中，给皮肤补水，并带上镇静消炎的眼贴，给眼周脆弱的皮肤补水。

- 喝水本身对皮肤用处不大，但对皮肤细胞的水合作用至关重要。
- 如果你一定要化妆，就请尽量减少化妆的次数。
- 穿透气性好的棉质衣服，这样坐长途飞机、火车或汽车时就不会伤害皮肤了。
- 无论是在户外还是在乘坐交通工具时，都要涂抹防晒霜。
- 到达目的地后，请使用温和的去角质产品清除皮肤表层的碎屑、死皮细胞和多余的油脂。

## 度假期间

- 避免阳光直射。无论你使用的防晒霜的防晒系数如何，以及你本身的肤色怎样，都要确保每两个小时涂抹一次防晒霜。
- 如果你在水中待了很长时间，请注意皮肤的保湿，还有不要忘了补涂防晒霜！
- 阳光、食物和饮料可能会在你体内形成自由基，所以每天在涂抹防晒霜前使用抗氧化剂也是必不可少的。
- 去角质是关键，但切记不要过度。
- 你可能想简化日常的护肤程序，但请不要这样做，皮肤这个器官需要你的悉心呵护。

## 护肤日记自测题

你是否一直在记护肤日记？如果是，现在你可以将记录下的所有细节以及学到的所有知识整合起来，对自己的皮肤进行全面的分析。

你的睡眠状况怎么样？最近一段时间，你有多少个晚上睡眠不够7个小时？10天中会有1天是这样，还是每星期一次，又或者两天一次？如果你有超过50%的时间都睡眠不足，你的皮肤暗沉和黑眼圈的元凶就找到了。

查看一下你哪天摄入了很多糖，再查看一下第二天的皮肤状况。你发觉自己的皮肤问题通常出现在什么时候了吗？有趣的是，生活方式的改变带来的影响要28天后才能在皮肤上显现出来，因为皮肤的更新周期是28天左右。

当你的压力水平在护肤日记中被标记为较高或很高时，请检查一下这段时间你的皮肤状况。你的气色可能看起来不好，皮肤可能变得暗沉、失去弹性，等等。皮肤是一种器官，如果身体的营养不够，一些重要的器官摄取了有限的营养，那么皮肤肯定会缺乏营养。

当谈及压力时，人们常会想到生离死别、债务贷款等大事件。但日常生活中的压力源其实比比皆是，例如公司的重大会议、出差、商务谈判、职业考试，等等。皮肤对这些压力源的反应比我们本身更敏感，通过记录护肤日记，你可以清楚地发现这一点。所以，详细了解压力水平及皮肤的应对方式，能够帮助你更好地调整身心，以应对这些逃不开的重要事项。

如果你的皮肤很容易发生炎症或红肿等问题，了解其诱因就会变得至关重要。以此为基础，你才能找到有效的护肤方法去改变自己的皮肤状态，让皮肤变得更健康。

坚持记护肤日记是皮肤护理的一个宝贵工具，把护肤日记放在你的床头，及时更新，一定会让你获益良多。

感谢你阅读本书，现在的你已经具备成为护肤达人的资格了。想必你已经掌握了丰富的护肤知识，你也了解到为什么肽、抗氧化剂、维生素A和维生素C是护肤品的关键成分，以及为什么你必须在清洁皮肤前做好预清洁。

现在，我希望你真正把皮肤看作一种器官，并谨记它是身体内部健康的晴雨表。你要认真选择有效的护肤成分，帮助皮肤保持健康。

多去了解皮肤护理的相关信息，弄清楚你打算解决哪些皮肤问题。去找美容治疗师做详细的咨询很有必要，后续的咨询也必不可少，因为我们自己总是很难客观地看清楚我们的皮肤有什么问题。

皮肤处于变化状态，固守某种护肤程序而不做任何改变肯定也是不可取的。皮肤是一种有生命的器官，会随着人的年龄的增长、季节的交替、生活方式的变化而变化。

而且，每个人的皮肤都是不同的，我推荐的某种护肤成分可能出于某些个体原因而不适用于你的皮肤。所以，你需要一个局外人来客观地判断你的皮肤状况，他应是懂得皮肤运作机理的行家。

　　但是，人们在现实生活中会遇到许多关于护肤的错误信息和偏颇的观点。例如，购物中心的护肤品销售人员总会说他们的产品有多好，因此请务必慎重对待他们的建议，并运用你自己掌握的护肤知识和信息去合理地质疑他们的建议。

## 立即行动清单

- 扔掉洁肤湿巾和卸妆水。

- 减少咖啡因的摄入量，如果要补充水分，喝水即可。

- 丢掉磨砂膏，改用酸类产品，因为皮肤是弱酸性的。

- 每天清洁脸部时，做60秒钟深呼吸。

- 每天做好预清洁、清洁，并使用精华液和防晒霜。

- 要小心大肆宣传的爆款产品。

- 仔细研究护肤品的成分表，看看里面有什么成分。

- 找专业人士做咨询。

- 将护肤视为拼图游戏，要有足够的耐心等待效果显现。

- 尽情享受护肤的过程，把皮肤视为一种器官，并给予尊重。

- 永远做自己。

氨基酸：构成蛋白质的化合物，存在于食物、人体皮肤和皮肤的组成成分（例如肽）中。

保湿剂：有助于保持水分并从皮肤深层或从空气中吸收水分的物质。

必需脂肪酸：形成皮肤保护膜必需的物质，对防止发炎大有帮助。

痤疮丙酸杆菌：一种天然存在于皮肤上的有益菌，但如果它们进入毛孔，就会引起皮肤红肿和发炎。

单糖：无法再水解的简单糖（葡萄糖），可用来构建二糖（乳糖、蔗糖）和多糖（纤维素、淀粉、葡聚糖）。

弹性蛋白：决定了皮肤的弹性，并确保皮肤紧贴着身体轮廓。

多酚：可以消除自由基的化合物，存在于植物性食物中。

非处方护肤品：无须医生处方即可自行购得的护肤品。

非致痘性：与致痘性相反，如果一种物质具有非致痘性，它就不会堵塞毛孔。

**甘油三酯**：一种遍布全身的脂质，与角鲨烯和脂肪酸等一起结合形成皮脂。

**光敏性**：皮肤对长波紫外线或中波紫外线的影响十分敏感，从而更容易受到伤害。

**光损伤**：长波紫外线和中波紫外线对皮肤造成的损害。

**汗腺**：分泌汗液的腺体。

**合成**：通过多种不同元素的化合，生成新物质的过程。

**黑色素**：赋予皮肤细胞、眼睛和头发颜色的色素。色素沉着的问题也要归因于黑色素产生过多。

**黑色素细胞**：位于表皮基底层并产生黑色素的细胞。

**黑头粉刺**：通常出现在头部或下巴上的小突起。黑头粉刺由于没有皮肤覆盖而被称为开放性粉刺，白头粉刺因为覆盖了一层皮肤而被称为封闭性粉刺。

**黄褐斑**：色素大面积沉着而形成的斑块，大多出现在鼻子、脸颊、上唇或额头等部位，常发生在女性孕期。

**胶原蛋白**：人体中含量最丰富的蛋白质，可与弹性蛋白一起维持皮肤结构。

**角蛋白**：蛋白质的一种，是人体皮肤、头发和指甲的关键成分。

**角鲨烷**：角鲨烯氢化后的产物，更稳定，保质期更长。角鲨烯是人体皮肤本来就有的一种油脂／皮脂。

**角质化**：皮肤细胞变得很干、很硬并向上移动至表层的过程。

**角质细胞**：构成表皮的主要细胞成分，占表皮的 90%。

**经皮水分丢失**：皮肤水分经由表皮流失的过程。当皮肤保护层正常工作时，可以防止经皮水分丢失情况的发生。

**酒渣鼻**：一种与皮肤发红有关的自发性皮肤疾病，分为 4 种类型，确切的发病原因目前尚不清楚。

**抗氧化剂**：阻止氧化发生的化合物。在皮肤中，它们是通过中和自由基来提供抗氧化保护的。

**蜡酯**：由脂肪酸和脂肪醇形成的酯，存在于人体的脂质中。

**酪氨酸酶抑制剂**：阻止生成酪氨酸酶的成分。酪氨酸酶是促使皮肤产生黑色素的一种酶。

**淋巴系统**：可使淋巴流向心脏，并清除人体毒素的系统。

**毛孔**：皮脂腺和毛囊的共同开口，分布于人体表皮的孔状结构，可让皮脂到达皮肤表面。

**毛孔粗大**：毛孔失去弹性并扩大的现象。

**毛囊角化病**：由于角质异常增生，毛孔被堵塞，皮肤上出现许多肉色或粉红色的丘疹。

**酶**：一种活性物质，可作为催化剂在体内引起特定的生化反应。在护肤方面，酶是一种温和的、对皮肤友好的去角质剂，局部外用时可以去除死皮细胞。

**皮肤保护膜**：皮肤表面的酸性薄层，可以防止细菌和碎屑进入并保持水分。

**皮肤过敏**：由于外部因素或人为因素（例如过度去角质，淋浴水过热，不使用防晒霜，皮肤脱水），皮肤对护肤品中的某些成分变得更加敏感。

**皮脂**：来自皮脂腺的油性分泌物，由甘油三酯和角鲨烯等成分组成。皮脂里的脂肪酸能杀灭细菌，是人体皮肤的天然屏障。

**皮脂腺**：一种腺体，其导管开口在毛囊，会分泌油脂等物质。

**皮质醇**：一种缓慢释放的压力激素，能帮助实现人体的多项功能。

**雀斑**：因暴露于紫外线而形成的色素斑，例如老年斑、黄褐斑。

**色素沉着不足**：是由皮肤中黑色素的流失导致的，通常表现为白色斑块。

**色素沉着过度**：皮肤的特定区域若产生过量黑色素，就会出现色素沉着过度问题，例如老年斑等。

**生物活性**：某些物质可以被人体成功吸收的速度和数量。

**湿疹**：一种皮肤病，受遗传因素和外部（环境）因素的影响。主要症状为皮肤瘙痒，呈鳞状，可能会发红和发炎。

**粟粒疹**：坚硬的圆形珍珠状丘疹，常见于眼睛周围，有时也会遍布全身。

**肽**：由一个氨基酸的氨基与另一个氨基酸的羧基结合而成的有机化合物，可以发送促使皮肤生成胶原蛋白或其他物质的信号。

**体内稳态**：指人体内的环境处于动态平衡的状态。

**细胞核**：细胞遗传与代谢的控制中心，控制着细胞的生长和繁殖。

**细胞膜**：细胞周围的半透明保护层（允许好的物质进入，阻止坏的物质进入）。

**线粒体**：细胞的引擎和动力源，是细胞中产生能量的结构。

**消化酶**：包括乳糖酶、脂肪酶和菠萝蛋白酶等，可以促进肠道消化。

**雄激素**：指男性性激素，例如睾酮。

**血糖指数**：一种测量食用特定食物后血糖水平升高速度的指标。

**氧化**：指某种东西被氧化的过程或物质获取氧气的过程。生锈是由氧化反应引起的，苹果肉暴露在空气中会变成褐色也是氧化反应的结果，皮肤被氧化后则会产生自由基。

**氧化应激**：当皮肤内自由基过多而抗氧化剂不足以中和它们时，就会发生氧化应激。氧化应激会导致皮肤细胞结构受损，加速胶原蛋白和弹性蛋白的降解。

**药妆产品**：化妆品和药品的合成词。药妆产品通常含有高活性成分，例如果酸、维生素 A 等。

**胰岛素**：一种调节血糖水平的重要激素。

**益生菌**：可以帮助人体肠道中或皮肤表面的菌群实现平衡的活性微生物。

**银屑病**：一种自身免疫性疾病，症状表现为红斑上覆盖有银白色鳞屑。造成这种疾病的原因是，皮肤细胞的新生速度过快，而死皮细胞还未来得及脱落并堆积在皮肤表面，形成斑块。

**有丝分裂**：细胞分裂成子代细胞的过程。

**孕酮**：一种在孕期和经期发挥作用的性激素，女性进入更年期后孕酮水平会下降。它还会对皮肤密度和胶原蛋白的合成产生影响。

**长波紫外线**：由太阳辐射的、比中波紫外线更长的射线，因而比中波紫外线更能引起皮肤深层次的损伤。长波紫外线能在各个季节透过云层和玻璃，对人体造成损害。与中波紫外线一样，长波紫外线也会导致皮肤癌。

**植物营养素**：在植物中发现的化合物，非人体必需但对人体有益，例如类胡萝卜素、类黄酮、白藜芦醇、番茄红素和叶黄素。

**致痘成分**：如果某种物质或成分会阻塞毛孔并引发痘痘，这种物质就是致痘成分。

**中波紫外线**：由太阳辐射的、比长波紫外线更短的射线，可能引发晒伤，与皮肤癌的发病密切相关。在夏季，中波紫外线尤其明显。

**昼夜节律**：也叫睡眠/清醒周期。当我们需要清醒时，它能让我们保持清醒状态；当我们应该入睡时，它能使我们保持睡眠状态。

**自由基**：指不成对的电子，它们会疯狂地抢占其他分子的电子，在此过程中不断破坏皮肤细胞结构，加速皮肤衰老。

感谢我的铁粉和至爱——我的父亲和母亲。母亲在我童年的时候，经常开车送我去图书馆，而我希望多年后，这本书依然可以在图书馆的书架上找到，哪怕已经落了灰，甚至被翻得破旧。家人的支持让我美梦成真。我的父亲是初稿的第一位校对者。你总是对我说，所有文字至少要看两遍。希望我亲爱的读者也能接受我的父亲的建议。父亲、母亲，你们永远是我灵感的源泉，也是我能完成这本书的原因。

感谢我的儿子马修，希望这本书能激发你的阅读兴趣和智慧。

感谢哈切特团队的每一个人，很荣幸接受你们的邀请撰写本书，感谢你们在本书成书过程中所提供的所有建议和指导。

感谢编辑兼翻译卡洛琳·福兰。没有你的求知欲和专业素养，这本书就不可能出版。你是一位完美的专业人士和畅销书作家，你的才华和建议无与伦比。

感谢露西·贝内特的审校。你的敬业精神与专业素养确保了本书的品质。没有你一如既往的支持，我不可能写出这本书。

感谢克莱尔·缪尔，我的职业领路人，是你的鼓励让我有了更多的灵感。你鼓励我跳出行业规范来重新审视护肤的理念和做法；你聪明睿智，令人羡慕，而你对学习的渴望极大地激发了我。感谢你为这个行业所做的一切。你可能没有发现这一点，但我们都将因此受益匪浅。

感谢宣传阁的艾米·贝克利奇，我的经纪人、公关大师、专业拍档和密友。感谢你每天都接听我的电话。

感谢我的团队，感谢你们一直以来对我的支持，你们帮助我整理了客户的信息和图片资料：夏洛特、海莉、香农和波宾，你们真棒！

感谢为本书提供图片的我的客户。这些图片对于丰富本书的信息和加强说明，起了非常大的作用。感谢你们对我的信任。

感谢本书所有的读者。希望当你有皮肤问题时，可以反复阅读本书。